识茶 购茶 品茶

徐琦楠 主编
陈友谋 编

江西科学技术出版社

图书在版编目（CIP）数据

识茶、购茶、品茶 / 徐琦楠，陈友谋主编. -- 南昌：江西科学技术出版社，2014.4（2024.8重印）

ISBN 978-7-5390-5033-1

Ⅰ.①识… Ⅱ.①徐… ②陈… Ⅲ.①茶叶—文化—中国 Ⅳ.①TS971

中国版本图书馆CIP数据核字（2014）第046905号

识茶、购茶、品茶
SHICHA、GOUCHA、PINCHA

徐琦楠，陈友谋　主编

出版发行	江西科学技术出版社
社址	南昌市蓼洲街2号附1号
	邮编：330009　电话：（0791）86623491　86639342（传真）
印刷	三河市宏顺兴印刷有限公司
经销	各地新华书店
开本	787mm×1092mm　1/16
字数	220千字
印张	12
版次	2014年8月第1版
印次	2024年8月第2次印刷
书号	ISBN 978-7-5390-5033-1
定价	49.00元

国际互联网（Internet）地址：http://www.jxkjcbs.com

选题序号：KX2014036　　赣版权登字：-03-2014-86

责任编辑：宋　涛　　装帧设计：春浅浅

版权所有　侵权必究

（赣科版图书凡属印装错误，可向承印厂调换）

目录

第一章 中国十大名茶

西湖龙井..................................010
洞庭碧螺春..............................014
黄山毛峰..................................018
庐山云雾..................................022
六安瓜片..................................026
君山银针..................................030
信阳毛尖..................................034
武夷岩茶..................................038
安溪铁观音..............................042
祁门红茶..................................046

第二章 绿茶名品

安吉白茶..................................052
大佛龙井..................................053
松阳银猴..................................054
千岛玉叶..................................055
松阳香茶..................................056
惠明茶......................................057
径山茶......................................058
顾渚紫笋..................................059
武阳春雨..................................060
鸠坑毛尖..................................061
雁荡毛峰..................................062
普陀佛茶..................................063
余姚瀑布仙茗..........................064
茅山青峰..................................065
临海蟠毫..................................066
羊岩勾青..................................067

平水珠茶……………………068	上饶白眉……………………091
天目青顶……………………069	双井绿………………………092
泰顺云雾茶…………………070	婺源茗眉……………………093
泰顺三杯香…………………071	得雨活茶……………………094
开化龙顶……………………072	狗牯脑茶……………………095
江山绿牡丹…………………073	靖安白茶……………………096
花果山云雾茶………………074	浮瑶仙芝……………………097
南京雨花茶…………………075	安化松针……………………098
金坛雀舌……………………076	南岳云雾茶…………………099
阳羡雪芽……………………077	湘波绿………………………100
太湖翠竹……………………078	采花毛尖……………………101
无锡毫茶……………………079	桂林毛尖……………………102
金山翠芽……………………080	石崖茶………………………103
茅山长青……………………081	象棋云雾……………………104
宝华玉笋……………………082	古劳茶………………………105
太平猴魁……………………083	白沙绿茶……………………106
黄山银毫……………………084	白毛猴………………………107
天柱剑毫……………………085	天山绿茶……………………108
顶谷大方……………………086	午子仙毫……………………109
休宁松萝……………………087	西乡炒青……………………110
金山时雨……………………088	紫阳毛尖……………………111
舒城兰花……………………089	崂山绿茶……………………112
大沽白毫……………………090	日照绿茶……………………113

竹叶青	114
峨眉毛峰	115
峨眉山峨蕊	116
云南玉针	117
蒸酶茶	118
糯米香	119
青城雪芽	120
蒙顶银针	121
蒙顶甘露	122
蒙顶石花	123
都匀毛尖	124
遵义毛峰	125
绿宝石	126

第三章 红茶名品

九曲红梅	130
越红工夫	131
宜兴红茶	132
苏红工夫	133
湖红工夫	134
宁红工夫	135
宜红工夫	136
金骏眉	137
正山小种	138
坦洋工夫	139
政和工夫	140
白琳工夫	141
荔枝红茶	142
英德红茶	143
昭平红茶	144
海红工夫	145
台湾日月潭红茶	146
蜜香红茶	147
信阳红茶	148
峨眉山红茶	149
川红工夫	150
金丝红茶	151

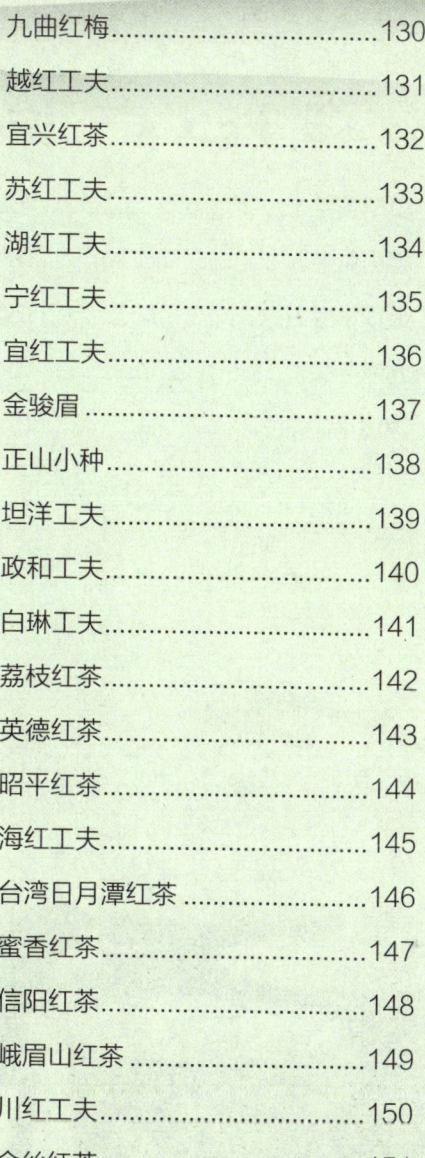

遵义红茶……………………152　　滇红工夫……………………154

黔红工夫……………………153

第四章 黄茶名品

莫干黄芽……………………158

霍山黄芽……………………159

蒙顶黄芽……………………160

北港毛尖……………………161

沩山毛尖……………………162

第五章 白茶名品

白牡丹………………………166

白毫银针……………………167

贡眉…………………………168

月光白………………………169

福鼎白茶……………………170

第六章 黑茶名品

茯砖茶 174

湖南千两茶 175

天尖茶 176

花砖茶 177

黑毛茶 178

黑砖茶 179

黄金砖 180

青砖茶 181

金尖茶 182

六堡散茶 183

金瓜贡茶 184

勐海沱茶 185

云南七子饼 186

普洱散茶 187

宫廷普洱 188

凤凰普洱沱茶 189

布朗生茶 190

橘普茶 191

普洱茶砖 192

第一章
中国十大名茶

中国茶叶的历史悠久,在其中涌现出了无数优秀茶品,使得中国茶在国际上享有很高声誉,在其中,就数中国十大名茶最出名。

中国十大名茶是由1959年全国"十大名茶"评比会所评选,包括西湖龙井、洞庭碧螺春、黄山毛峰、庐山云雾茶、六安瓜片、君山银针、信阳毛尖、武夷岩茶、安溪铁观音、祁门红茶。以下将为大家分别介绍中国十大名茶。

【识茶、购茶、品茶】

西湖龙井 |绿茶|

西湖龙井以"色绿、香郁、味醇、形美"著称，堪称我国第一名茶。杭州西湖湖畔的崇山峻岭中常年云雾缭绕，气候温和，雨量充沛，加上土壤疏松、土质肥沃，非常适合龙井茶的种植。龙井茶炒制时分"青锅""烩锅"两个工序，炒制手法很复杂，一般有抖、带、甩、挺、拓、扣、抓、压、磨、挤十大手法。

西湖龙井始于唐代，发展于南北宋时期，然而真正为普通百姓熟知，是在明代。西湖龙井以"狮（峰）、龙（井）、云（栖）、虎（跑）、梅（家坞）"排列品第，西湖龙井享受"国家礼品茶"的最高礼遇，位居中国十大名茶之首。

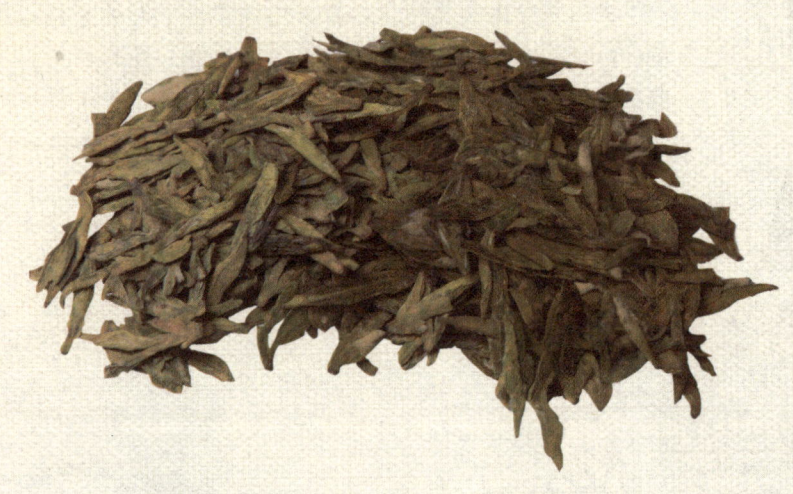

产地

浙江省杭州市西湖的狮峰、龙井、五云山、虎跑、梅家坞等地。

干茶

外形：挺直削尖，扁平挺秀，成朵匀齐，色泽翠绿。
气味：清香幽雅。
手感：细柔平滑。

茶汤

香气：清高持久，香馥若兰。
汤色：杏绿青碧，清澈明亮。
口感：香郁味醇、甘鲜醇和，品饮后令人齿颊留香、甘泽润喉，回味无穷。

功效

1. 提神健脑：龙井茶中的咖啡因能使人的中枢神经系统兴奋起来。
2. 排毒瘦身：龙井茶中的茶多酚和维生素C可以有效降低人体胆固醇和血脂，而且咖啡因、叶酸和芳香类物质等多种化合物可以很好地调节人体脂肪代谢，因此可以有效地排毒瘦身。
3. 防癌抗癌：龙井茶中的茶多酚、儿茶素等成分具有非常好的杀菌作用，能抑制血管老化，可以降低癌症的发生率。

叶底

嫩绿，匀齐成朵，芽芽直立，栩栩如生。

贮藏

西湖龙井极易受潮变质，所以采用密封、干燥、低温冷藏最佳。常用的保存方法是将龙井包成500克1包，放入缸中（缸的底层铺有块状石灰）加盖密封收藏。为使得龙井茶的香气更加清香馥郁，滋味更加甘鲜醇和，须避免阳光直射，低温保存。

冲泡

【茶具】玻璃杯、公道杯、过滤网、茶荷、茶匙、茶巾、品茗杯各一。

方法

1 烫杯
采用回旋斟水法,用热水烫洗玻璃杯。

2 净杯
左手托杯底,右手拿杯,逆时针回旋一周。

3 温公道杯
将水倒入公道杯中,稍冲泡片刻。

4 温品茗杯
将水倒入品茗杯中稍洗杯,再将水倒掉。

6 润茶
水倒入杯中七分满,使茶芽舒展后将水倒掉。

5 投茶
用茶匙把茶荷中的茶叶拨入玻璃杯中。

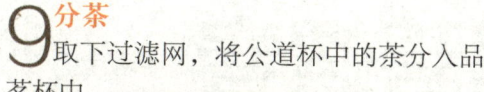

7 冲水

在冲水时利用手腕力量使水壶三起三落,充分击打茶叶,激发茶性。

8 出汤

将茶汤倒入放有过滤网的公道杯中。

9 分茶

取下过滤网,将公道杯中的茶分入品茗杯中。

10 敬茶

向客人介绍西湖龙井汤鲜绿、味鲜醇、香鲜爽,令人赏心悦目的特色。

提示

①特级龙井可以不洗茶。
②西湖龙井不宜用沸水冲泡,否则会将茶叶烫熟,从而影响茶叶色泽、口味等。
③西湖龙井最好用玻璃杯冲泡,这样就能看清茶在水中翻落沉浮的过程。

【 识茶、购茶、品茶 】

洞庭碧螺春 |绿茶|

　　洞庭碧螺春以形美、色艳、香浓、味醇闻名中外，具有"一茶之下，万茶之上"的美誉，盛名仅次于西湖龙井。对于碧螺春之茶名由来，有两种说法，一种是康熙帝游览太湖时，品尝后觉香味俱佳，因此取其色泽碧绿，卷曲似螺，春时采制，又得自洞庭碧螺峰等特点，钦赐其美名。另一种则是由一个民间传说而得名，说的是为纪念美丽善良的碧螺姑娘，而将其亲手种下的奇异茶树命名为碧螺春。

　　碧螺春一般分为7个等级，芽叶随级数越大，茸毛越少。只有细嫩的芽叶，巧夺天工的手艺，才能形成碧螺春色、香、味俱全的独特风格。

产地

江苏省苏州市洞庭山。

干茶

外形：芽白毫卷曲成螺，叶显青绿色，条索纤细，色泽碧绿。
气味：清香淡雅，带花果香。
手感：紧细，略有粗糙质感。

茶汤

香气：色淡香幽，鲜雅味醇。
汤色：碧绿清澈。
口感：鲜醇甘厚，鲜爽生津，入口香郁回甘。

功效

1.利尿作用：碧螺春茶中的咖啡碱和茶碱具有利尿作用，可用于治疗水肿、水潴留。此外，红茶糖水还有解毒、利尿作用，能治疗急性黄疸型肝炎。
2.减肥作用：碧螺春茶中的茶碱、肌醇、叶酸、泛酸和芳香类物质等多种化合物能调节脂肪代谢。茶多酚和维生素C能降低胆固醇和血脂，所以饮茶能减肥。
3.清热解毒：碧螺春含有脂多糖的游离分子、氨基酸、维生素等，有清热解毒的作用。

叶底

叶底幼嫩，均匀明亮，翠芽微显。

贮藏

传统碧螺春的贮藏方法是用纸包住茶叶，再与袋装块状石灰间隔放于缸中，进行密封处理。现在更多采用三层塑料保鲜袋，将碧螺春分层扎紧，隔绝空气，或用铝箔袋密封后放入10℃的冰箱里冷藏长达一年，其色、香、味犹如新茶。

冲泡

【茶具】盖碗、玻璃杯、过滤网、茶荷、茶匙、茶巾、品茗杯各一。

方法

1 温盖碗
将开水倒入盖碗中,用以清洁,并提高盖碗温度。

2 倒水
将温烫过盖碗的水温烫玻璃杯。

3 凉水
将沸水再次倒入盖碗中,至七分满,稍凉至80℃左右。

4 投茶
用茶匙将碧螺春投入盖碗中。

5 洗茶
往盖碗中倒入温水,清去茶毛,再将水倒掉。

6 弃水
将盖碗中的水倒掉,不用。

第一章 中国十大名茶

7 冲水 沿着盖碗四周,冲入开水,至七分满。

8 静置 将盖碗的盖子盖上,静置三分钟。

9 出汤 将盖碗中的茶汤倒入放好过滤网的玻璃杯中。

10 分茶 将玻璃杯中的茶汤分入已洗好的品茗杯中。

11 鉴赏 端起品茗杯,观赏茶汤色淡清澈,银毫闪烁。

12 品饮 饮一口茶汤,入口芳香宜人,回味甘甜。

【提示】

① 饭前后半个小时内不能喝茶。
② 头遍冲泡的茶叶水不能喝。
③ 感冒、处于生理期、怀孕的人不能喝,2岁以下的幼儿也不宜饮用。

【 识茶、购茶、品茶 】

黄山毛峰 |绿茶|

  黄山毛峰由于"白毫披身,芽尖似峰",故其名曰"毛峰"。传说中,如果用黄山上的泉水烧热来冲泡黄山毛峰,热气会绕碗边转一圈,转到碗中心就直线升腾,约一尺高,然后在空中转一圆圈,化作一朵白莲花。那白莲花又慢慢上升化作一团云雾,最后散成一缕缕热气飘荡开来。这便是白莲奇观的故事。

  1955年,黄山毛峰以其独特的"香高、味醇、汤清、色润",被誉为茶中精品,还被评为"中国十大名茶"之一;1986年,黄山毛峰被外交部选为外事活动礼品茶,成为国际友人和国内游客馈赠亲友的佳品。

产地

安徽省黄山市歙县黄山汤口、富溪一带。

干茶

外形:细嫩稍卷,形似"雀舌",色似象牙,嫩匀成朵,片片金黄。
气味:馥郁如兰,清香扑鼻。
手感:紧细而不平整。

茶汤

香气：清鲜高长，韵味深长。
汤色：绿中泛黄，清碧杏黄，汤色清澈明亮。
口感：浓郁醇和、滋味醇甘。

功效

1.抗菌、抑菌作用：黄山毛峰茶中的茶多酚和鞣酸作用于细菌，能凝固细菌中的蛋白质，将细菌杀死，可用于治疗肠道疾病，如霍乱、伤寒、痢疾、肠炎等。
2.减肥作用：黄山毛峰茶中的茶碱、肌醇、叶酸、泛酸和芳香类物质等多种化合物能调节脂肪代谢，茶多酚和维生素C能降低胆固醇和血脂，所以饮此茶能减肥。
3.防龋齿作用：黄山毛峰茶中含有氟，能变成较难溶于酸的"氟磷灰石"，从而提高牙齿防酸抗龋能力。

叶底

肥壮成朵，厚实鲜艳，嫩绿中带着微黄。

贮藏

需将黄山毛峰放在密封、干燥、低温、避光的地方，以避免茶叶中的活性成分氧化加剧。家庭贮藏黄山毛峰时多采用塑料袋进行密封，再将塑料袋放入密封性较好的茶叶罐中，于阴凉、干爽处保存，这样也能较长时间保持住茶叶的香气和品质。

冲泡

【茶具】 盖碗、公道杯、茶荷、茶匙、过滤网、茶巾各一，品茗杯三个。

【 识茶、购茶、品茶 】

方法

1 温盖碗
将开水倒入盖碗中,用以清洁,并提高盖碗温度。

2 温公道杯
将温烫过盖碗的水倒入公道杯中,以清洁公道杯。

3 温品茗杯
将公道杯中的水逐一倒入品茗杯中温烫,再将水倒掉。

4 投茶
用茶匙将黄山毛峰投入盖碗中。

6 摇香
拿起盖碗,轻轻摇动,将香气充分散发。

5 冲水
沿着盖碗杯沿的一边冲入开水,冲至三分满。

7 再次冲水
沿着盖碗杯沿的一边冲入开水,冲至七分满。

9 分茶
取下滤网,将公道杯中的茶汤分入品茗杯中。

8 出汤
过滤网放入公道杯中,将茶汤倒入公道杯中。

10 品饮
饮一口茶汤,入口甘醇。

提示

①浓淡适宜,茶与水的重量比为1:80。
②应用80～90℃的水冲泡,使茶水绿翠明亮、香气纯正、滋味甘醇。
③一壶茶的冲泡次数不宜过多,一般3～4次为好。

【识茶、购茶、品茶】

庐山云雾 |绿茶|

庐山云雾茶是庐山的地方特产之一，由于长年受庐山流泉飞瀑的亲润，形成了独特的"味醇、色秀、香馨、液清"的醇香品质，更因其六绝"条索清壮、青翠多毫、汤色明亮、叶好匀齐、香郁持久、醇厚味甘"而著称于世，被评为绿茶中的精品，更有诗赞曰："庐山云雾茶，味浓性泼辣，若得长时饮，延年益寿法。"

庐山云雾茶始产于汉代，最早是一种野生茶，后东林寺名僧慧远将其改造为家生茶，曾有"闻林茶"之称，现已有一千多年的栽种历史，宋代时被列为"贡茶"，是中国十大名茶之一。

产地

江西省庐山市。

干茶

外形：紧凑秀丽，芽壮叶肥，青翠多毫，色泽翠绿。
气味：幽香如兰，鲜爽甘醇。
手感：细碎轻盈。

茶汤

香气：鲜爽持久，浓郁高长，隐约有豆花香。
汤色：浅绿明亮，清澈光润。
口感：滋味深厚，醇厚甘甜，入口回味香绵。

功效

1. 抗菌杀菌：庐山云雾茶中的儿茶素对引起人体致病的部分细菌有抑制效果，有助于保护消化道。
2. 保护口腔健康：庐山云雾茶漱口可预防牙龈出血和杀灭口腔细菌，所含有的氟和儿茶素还可抑制生龋菌生长，减少牙菌斑，及预防牙周炎的发生。
3. 瘦身减肥：庐山云雾茶中含有茶碱以及咖啡碱，可以经由许多作用活化蛋白质激酶及三酰甘油解脂酶，减少脂肪细胞堆积，因此达到减肥功效。

叶底

嫩绿匀齐，柔润带黄。

贮藏

选择铁罐、米缸、陶瓷罐等，铺上生石灰或硅胶，将茶叶干燥后用纸包住，扎紧细绳后一层层地放入，最后密封即可。待生石灰吸潮风化则更换，一般每隔1~2个月更换一次，若用硅胶，则待硅胶吸水变色后，烘干后再继续放入使用。

冲泡

【茶具】 紫砂壶、玻璃杯、过滤网、茶匙、品茗杯、茶荷各一。

方法

1 烫壶
将开水倒入准备好的紫砂壶中，用以清洁，并提高紫砂壶温度。

2 温玻璃杯
将温烫过紫砂壶的水倒入玻璃杯中，稍微冲泡片刻。

3 温品茗杯
将温烫过玻璃杯的水倒入品茗杯中稍洗杯，再将水倒掉。

4 弃水
将温烫过品茗杯的水倒掉。

5 投茶
用茶匙将庐山云雾投入紫砂壶中。

6 冲水
往紫砂壶中注入80℃温水，至八分满。

7 静置

将盖子盖上，静置2分钟，使茶叶舒展。

8 出汤

将紫砂壶中的茶汤倒入玻璃杯中。

9 分茶

将玻璃杯中茶汤分入品茗杯中。

10 赏茶

端起品茗杯，观赏茶汤。

提示

①泡茶前烫杯。沏茶时，最好先倒半杯开水烫杯。

②茶与水的比例。茶叶和水的比例约是1∶50。

③冲泡庐山云雾的水温约80℃，可适时续水。

【识茶、购茶、品茶】

六安瓜片 |绿茶|

  六安瓜片，又称片茶，为绿茶特有茶类，是通过独特的传统加工工艺制成的形似瓜子的片形茶叶。六安瓜片不仅外形别致，制作工序独特，采摘也非常精细，是茶中不可多得的精品，更是我国绿茶中唯一去梗、去芽的片茶。因其外形完整，光滑顺直，酷似葵花子，又因产自六安一带，故称"六安瓜片"。

  六安瓜片历史悠久，文化内涵丰厚，早在唐代，陆羽《茶经》中便有"潞州六安（茶）"之称。六安瓜片在明代成为贡茶，《六安州志》记载："茶之精品，明朝始入贡。"

产地

安徽省六安市。

干茶

外形：叶缘向外翻卷，呈瓜子状，单片不带梗芽，色泽宝绿，起润有霜。
气味：清香高爽，馥郁如兰。
手感：纹路清晰，略粗糙。

茶汤

香气：醇正甘甜，香气清高。
汤色：嫩黄明净，清澈明亮。
口感：鲜爽醇厚，清新幽雅。

功效

1.抗菌：六安瓜片中的儿茶素对细菌有抑制作用，同时又不会影响肠道内有益细菌，因此具有抗菌的功效。
2.防龋齿、清口臭：六安瓜片含氟，其中儿茶素可以抑制生龋菌作用，减少牙菌斑及牙周炎的发生。茶中所含的单宁酸，具有杀菌作用，能阻止食物渣屑繁殖细菌，故可以有效防止口臭。
3.防癌：六安瓜片是所有绿茶中营养价值最高的茶叶，对某些癌症有抑制作用，可以阻断人体内致癌物质的形成。

叶底

嫩黄，厚实明亮。

贮藏

贮藏六安瓜片时，可先用铝箔袋包好后放入密封罐，必要时也可放入干燥剂，加强防潮，然后将六安瓜片放置在干燥、避光的地方，不要靠近带强烈异味的物品，且不能被积压，最好置于冰箱的冷藏库里冷藏保存。

冲泡

【茶具】盖碗、公道杯、过滤网、茶荷、茶匙、品茗杯各一。

【 识茶、购茶、品茶 】

方法

1 温盖碗
将80℃温水倒入盖碗内，以提高盖碗的温度。

2 温公道杯
将温烫过盖碗的水倒入公道杯中，稍冲泡片刻。

3 温品茗杯
将温烫过公道杯的水倒入品茗杯中稍洗杯。

4 弃水
将品茗杯中的水倒掉，不用。

5 投茶
用茶匙将六安瓜片从茶荷中投入盖碗中。

6 冲水
将80℃的温水沿盖碗杯沿的一边倒入，覆盖茶叶，至七分满。

7 静置 盖上盖碗的盖子,静置2分钟稍闷泡,使茶叶舒展。

8 出汤 取过滤网放在公道杯上,将茶汤倒入公道杯中。

9 分茶 将公道杯中的茶汤分入品茗杯中。

10 鉴赏 将品茗杯端起来,细细品赏,观看茶汤。

【提示】

①泡茶的水温控制在80~90℃为宜。

②润茶时间控制在30秒左右。

【识茶、购茶、品茶】

君山银针 |黄茶|

　　君山银针是黄茶中最杰出的代表,色、香、味、形俱佳,是茶中珍品。君山银针在历史上曾被称为"黄翎毛""白毛尖"等,后因它茶芽挺直,布满白毫,形似银针,于是得名"君山银针"。

　　君山银针有"金镶玉"之称,古人曾形容它如"白银盘里一青螺"。据《巴陵县志》记载:"君山产茶嫩绿似莲心。""君山贡茶自清始,每岁贡十八斤。""谷雨"前,知县邀山僧采制一旗一枪,白毛茸然,俗称"白毛茶"。《湖南省新通志》中又有记载:"君山茶色味似龙井,叶微宽而绿过之。"

产地
湖南省岳阳市洞庭湖中的君山。

干茶
外形:芽头健壮,金黄发亮,白毫毕显,外形似银针。
气味:清香醉人。
手感:光滑平整。

茶汤

香气：毫香清醇，清香浓郁。
汤色：杏黄明净。
口感：甘醇甜爽，满口芳香。

功效

1.预防食道癌：君山银针茶中富含茶多酚、氨基酸、可溶性糖、维生素等丰富的营养物质，营养价值高，对防治食道癌有明显功效。

2.消炎杀菌：君山银针鲜叶中天然物质保留有85%以上，这些物质对杀菌、消炎均有特殊效果。

3.消脂减肥：君山银针沤制中产生的消化酶能有效促进脂肪代谢，减少脂肪的堆积，在一定程度上能起到消脂的作用，是减肥佳品。

叶底

肥厚匀齐，嫩黄清亮。

贮藏

如果是家庭用的茶叶，可以将干燥的茶叶用软白纸包好，轻轻挤压排出空气，再用细软绳扎紧袋口，将另一只塑料袋反套在外面后挤出空气，放入干燥、无味、密封的铁筒内储藏。

冲泡

【茶具】玻璃杯、公道杯、过滤网、茶荷、茶匙、茶巾各一，品茗杯三个。

【 识茶、购茶、品茶 】

方法

1 温杯
将开水倒入玻璃杯以清洁，并擦干杯身，以避免茶芽吸水而不竖立。

2 温公道杯
用温烫过玻璃杯的水浸润公道杯。

3 温品茗杯
用温烫过公道杯的水浸润品茗杯，再将水倒掉。

4 投茶
用茶匙将君山银针从茶荷中投入到玻璃杯。

5 冲水
将80℃的水先快后慢地冲入玻璃杯中至五分满。

6 静置
将玻璃杯静置2分钟，使茶芽湿透。

7 再次冲水
继续往玻璃杯中倒入80℃左右的水,冲至八分满。

8 赏茶
约5分钟后,可见茶芽渐次直立,上下沉浮,在芽尖上有晶莹的气泡。

9 出汤
取过滤网放在公道杯上,倒入茶汤。

10 分茶
将公道杯中的茶汤分入品茗杯中。

11 品饮
饮一口茶汤,入口后甘醇甜爽。

提示

①专业爱茶人士的要求比较高,均以清澈的山泉水冲泡君山银针,滋味不同凡响。

②君山银针既有茶的幽香、醇味,又有茶的大多数特性。从品茗的角度而言应该重在观赏,因此要特别强调茶的冲泡技术和程序,以免破坏茶性。

【 识茶、购茶、品茶 】

信阳毛尖 |绿茶|

　　信阳毛尖,亦称"豫毛峰",是河南省著名特产之一,被列为中国十大名茶之一。信阳毛尖早在唐代就已成为朝廷贡茶,在清代则跻身为全国名茶之列,素以"细、圆、光、直、多白毫、香高、味浓、汤色绿"的独特风格而饮誉中外。北宋时期的大文学家苏东坡曾赞叹道:"淮南茶,信阳第一。西南山农家中茶者甚多,本山茶色味香俱美,品不在浙闽下。"

　　到了近现代,信阳毛尖更是享誉世界,屡次在名茶评比中获奖。时至今日,信阳毛尖更成为有着丰富内涵和体现国家茶文化精髓的使者。

产地

河南省信阳市。

干茶

外形:纤细如针,细秀匀直,色泽翠绿光润,白毫显露。
气味:清香扑鼻。
手感:粗细均匀,紧致光滑。

茶汤

香气：清香持久。
汤色：汤色清澈，黄绿明亮。
口感：鲜浓醇香，醇厚高爽，回甘生津，令人心旷神怡。

功效

1.强身健体：信阳毛尖含有氨基酸、生物碱、茶多酚、有机酸、芳香物质、维生素以及水溶性矿物质，具有生津解渴、清心明目、提神醒脑、去腻消食、抑制动脉粥样硬化、防癌和抵御放射性元素等功能。
2.促进脂类物质转化吸收：由于茶叶中具有嘌呤碱、腺嘌呤等生物碱，可与磷酸、戊糖等物质形成核苷酸，对脂类物质的代谢起着重要作用，尤其对含氮化合物具有极妙的分解、转化作用，使其分解转化成可溶性吸收物质，从而达到消脂作用。

叶底

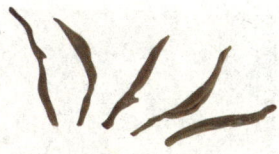

细嫩匀整，嫩绿明亮。

贮藏

信阳毛尖宜在0~6℃的环境下保存，可放置在冰箱冷藏库里，用不锈铁质罐装好后密封起来，外裹两层塑料薄膜。干燥茶叶容易吸附异味，因此存放的环境宜干燥，避免高温、光照，时时保持清洁、卫生，并远离化肥、农药、油脂以及霉变物质。

冲泡

【茶具】茶壶、公道杯、过滤网、茶荷、茶匙、品茗杯各一。

方法

1 烫壶
将开水倒入茶壶中,去除壶内异味,有助于挥发茶香。

2 温公道杯
用温烫过茶壶的水浸润公道杯。

3 温品茗杯
用温烫过公道杯的水浸润品茗杯,以提高品茗杯的温度。

4 弃水
将品茗杯中的水倒掉,不用。

5 投茶
用茶匙将信阳毛尖从茶荷中投入茶壶中。

第一章 中国十大名茶

6 冲水
将90℃的水自高向下注入茶壶，至七分满，并加盖，稍闷泡。

8 分茶
将公道杯中的茶汤分入品茗杯中。

7 出汤
过滤网放公道杯上，将茶汤倒入公道杯中。

9 品饮
将品茗杯中的茶分三口品尝，入口滋味鲜醇。

提示

①劣质的信阳毛尖汤色深绿或发黄、浑浊发暗，不耐冲泡，没有茶香味。
②冲泡后可等半分钟后，在茶汤显出颜色后方品饮，滋味更佳。

【识茶、购茶、品茶】

武夷岩茶 |乌龙茶|

　　武夷岩茶产自武夷山，因其茶树生长在岩缝中，因而得名"武夷岩茶"。武夷岩茶属于半发酵茶，融合了绿茶和红茶的制法，是中国乌龙茶中的极品。武夷岩茶的制作可追溯至汉代，到清朝达到鼎盛。

　　武夷岩茶的制作方法汲取了绿茶和红茶制作工艺的精华，再经过晾青、做青、杀青、揉捻、烘干、毛茶、归堆、定级、筛号茶取料、拣剔、筛号茶拼配、干燥、摊凉、匀堆等十几道工序制作而成。武夷岩茶是武夷山历代茶农智慧的结晶。在2006年，武夷岩茶的制作工艺被列为首批"国家级非物质文化遗产"。

产地

福建省武夷山市。

干茶

外形：条索健壮、匀整，绿褐鲜润。
气味：具有天然真味。
手感：粗糙，有厚实感。

茶汤

香气：浓郁清香。
汤色：清澈艳丽，呈深橙黄色。
口感：滋味甘醇。

功效

1. 抗衰老：饮用武夷岩茶可以使血中维生素C含量持较高水平，尿中维生素C排出量减少，起到抗衰老的作用。饮用武夷岩茶可从多方面增强人体抗衰老能力。
2. 提神益思，消除疲劳：武夷岩茶所含的咖啡因较多，咖啡因能促使人体中枢神经兴奋，增强大脑皮质的兴奋过程，起到提神益思、清心的效果。
3. 预防疾病：茶中的儿茶素能降低血液中的胆固醇，抑制血小板凝集，可以降低动脉硬化发生率。

叶底

软亮匀整，绿叶带红镶边。

贮藏

武夷岩茶最好以每包100克左右的量，用锡箔袋或有锡箔层的牛皮纸包好，挤紧压实后，放入木质、铁质、锡质容器内，再放到避光、防潮、避风、无异味的地点储藏。大约一年后将茶取出观察，查看是否受潮、发霉、变质。

冲泡

【茶具】盖碗、公道杯、茶荷、茶匙、过滤网、茶巾各一，品茗杯三个。

【识茶、购茶、品茶】

方法

1 温盖碗 将开水倒入盖碗中,用以清洁,并提高盖碗温度。

2 温公道杯 将温烫过盖碗的水倒入公道杯中,以清洁公道杯。

3 温品茗杯 将公道杯里的水倒入品茗杯中温烫,再将水倒掉。

4 投茶 用茶匙将武夷岩茶从茶荷中拨入盖碗中。

5 洗茶 冲入开水,洗去茶中的尘埃。

6 弃水 将洗茶的水倒出,不用。

7 冲水
往盖碗中倒入沸水,使茶叶舒展。

8 出汤
在公道杯上放一个滤网,将泡好的茶汤倒入公道杯中。

9 分茶
将公道杯中的茶汤分入品茗杯中。

10 品饮
茶汤入口后,滋味醇厚甘鲜,冲泡7~8次后,仍然有原茶的真味。

【提示】

①忌喝新茶:因为新茶中含有未经氧化的多酚类、醛类及醇类等,对人的胃肠黏膜有较强的刺激作用,所以忌喝新茶。

②品茶时可以把茶叶咀嚼后咽下去,对人体有益。

【 识茶、购茶、品茶 】

安溪铁观音 |乌龙茶|

　　安溪铁观音，又称红心观音、红样观音，闻名海内外，被视为乌龙茶中的极品，且跻身于中国十大名茶之列，以其香高韵长、醇厚甘鲜而驰名中外，并享誉世界，尤其是在日本市场，两度掀起"乌龙茶热"。

　　安溪铁观音可用具有"音韵"来概括。"音韵"是来自铁观音特殊的香气和滋味。有人说，品饮铁观音中的极品——观音王，有超凡入圣之感，仿佛羽化成仙。"烹来勺水浅杯斟，不仅余香舌本寻。七碗漫夸能畅饮，可曾品过铁观音？"铁观音名出其韵，贵在其韵，领略"音韵"乃爱茶之人一大乐事，只能意会，难以言传。

产地

福建省安溪县。

干茶

外形：肥壮圆结，色泽砂绿、光润。
气味：有天然兰花香。
手感：结实，有颗粒感，略粗糙。

茶汤

香气：茶香馥郁清高，鲜灵清爽，香高持久。
汤色：金黄浓艳。
口感：醇厚甘鲜，清爽甘甜，入口余味无穷。

功效

1. 解毒消食、去油腻：茶叶中有一种叫黄酮的混合物，具有杀菌解毒作用。
2. 美容、抗衰老：医学研究表明，铁观音含有粗儿茶素等多种营养成分，具有较强的抗化活性，可有效消除细胞中的活性氧分子，从而使人体抗衰老，免受疾病的侵害。
3. 防癌增智：安溪铁观音的含硒量很高，在六大茶类中位居前列。因为硒能刺激免疫蛋白及抗体抵御患病，因此安溪铁观音也有抑制癌细胞发生和发展的作用。

叶底

沉重匀整，青绿红边，肥厚明亮。

贮藏

安溪铁观音要低温、密封或真空贮藏，还要降低茶叶的含水量，这样可以在短时间内保证安溪铁观音的色、香、味。低温保存是将茶叶保存空间的温度经常保持在5℃以下，使用冷藏库或冷冻库保存茶叶，少量保存时可使用电冰箱。

冲泡

【茶具】盖碗、公道杯、茶匙、茶荷、过滤网、茶巾各一个，品茗杯三个。

【 识茶、购茶、品茶 】

方法

1 温盖碗
将开水倒入盖碗中,用以清洁,并提高盖碗温度。

2 温公道杯
将温烫过盖碗的水倒入公道杯中,稍冲泡片刻。

3 温品茗杯
将温烫过公道杯的水倒入品茗杯中稍洗杯,再将水倒掉。

4 投茶
用茶匙将安溪铁观音从茶荷中投入盖碗中。

5 洗茶
倒入适量温水浸润茶叶,以使紧结的茶球泡松。

6 弃水
将润过茶叶的水倒出盖碗,不用。

7 冲水
打开盖子,往盖碗中冲入沸水至七分满,以冲泡茶叶。

8 出汤
将盖碗中的茶汤倒入放有过滤网的公道杯中。

9 分茶
取下过滤网,将公道杯中的茶汤分入品茗杯中。

10 品饮
将品茗杯端起,观赏茶汤,并细细品尝。

提示

①空腹不饮,否则会感到饥肠辘辘,头晕欲吐。
②睡前不宜饮用,否则难以入睡。
③冷茶不饮,冷茶性寒,对胃不利。

【 识茶、购茶、品茶 】

祁门红茶 |红茶|

　　祁门红茶是中国传统工夫红茶中的珍品。祁门红茶以外形苗秀，色有"宝光"和香气浓郁而著称，享有盛誉。祁门红茶于1875年创制，有百余年的生产历史，是中国传统出口商品，也被誉为"王子茶"，还被列为我国的国事礼茶，与印度的大吉岭红茶、斯里兰卡的乌瓦红茶并称为"世界三大高香茶"。

　　祁门红茶的品质超群，与其优越的自然生态环境条件是分不开的。祁门多山脉，重峦叠嶂、山林密布、土质肥沃、气候温润，而茶园所在的位置有天然的屏障，有酸度适宜的土壤，丰富的水分，因此能培育出优质的祁门红茶。

产地

安徽省祁门县，石台、东至、黟县、贵池等县也有少量生产。

干茶

外形：条索紧细纤秀，乌黑油润。
气味：馥郁持久，纯正高远。
手感：细碎零散，略显轻盈。

茶汤

香气：带兰花香，清香持久。
汤色：红艳透明。
口感：醇厚回甘，浓醇鲜爽，带有蜜糖香味。

功效

1. 消炎杀菌：祁门红茶中儿茶素类能与单细胞的细菌结合，使蛋白质凝固沉淀，借此抑制和消灭病原菌。
2. 养胃护胃：红茶是经过发酵烘制而成的，不仅不会伤胃，反而能够养胃。经常饮用加糖、加牛奶的祁门红茶，能消炎、保护胃黏膜，对治疗溃疡也有一定效果。
3. 抗癌：关于茶叶具有抗癌作用的说法很流行，研究发现祁门红茶同绿茶一样，同样有很强的抗癌功效。

叶底

叶底嫩软，鲜红明亮。

贮藏

选用干燥、无异味、密闭的陶瓷坛，用牛皮纸包好茶叶，分置于坛的四周，中间放石灰袋一个，上面再放茶叶包，装满坛后用棉花包盖紧。石灰隔1~2个月更换一次。这样可利用生石灰的吸湿性能，使茶叶不受潮，效果较好。

冲泡

【茶具】 玻璃茶壶、茶匙、茶荷、过滤网、茶巾、品茗杯各一。

【 识茶、购茶、品茶 】

方法

1 温壶
将开水倒入玻璃茶壶中,有助于提高壶的温度。

2 温品茗杯
将玻璃茶壶中的水倒入品茗杯中稍洗杯。

3 弃水
将品茗杯中的水倒掉,不用。

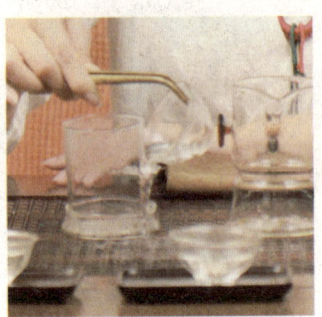

4 投茶
用茶匙将祁门红茶从茶荷中拨入玻璃茶壶中。

5 高冲
用悬壶高冲法将沸水冲入玻璃茶壶,使滋味更纯。

6 出汤
将过滤网取出,留在玻璃茶壶中的即是泡好的茶汤。

7 分茶
将玻璃茶壶中的茶汤分入品茗杯中。

8 品饮
将品茗杯中的茶汤细细品尝。

【提示】

①祁门红茶以8月份茶最鲜,味道最佳,可加糖饮用。
②祁门红茶十分细紧挺秀,冲泡时不用洗茶,可直接冲泡饮用。

第二章 绿茶名品

绿茶，以汤色碧绿清澈，茶汤中绿叶飘逸沉浮的姿态最为著名。

绿茶茶叶中的天然物质保留较多，其滋味收敛性强，对防衰老、防癌、抗癌、杀菌、消炎、降脂减肥等均有效果。饮绿茶不仅是精神上的享受，更能保健防病、有益身心。工作繁忙时喝上一杯绿茶，可以有效地缓解疲劳。夏天饮用绿茶，更能消暑解热。

绿茶的分类

【炒青绿茶】

在加工过程中采用炒制的方法干燥而成的绿茶称为炒青绿茶。由于干燥过程中受到机械或手工操力的作用,成茶容易形成长条形、圆珠形、扇平形、针形、螺形等不同形状。

【烘青绿茶】

在加工过程中采用烘笼进行烘干的方法制成的绿茶称为烘青绿茶。烘青绿茶的香气一般不及炒青绿茶高,但也不乏少数品质特优的烘青名茶。

【晒青绿茶】

在加工过程中采用日光晒干的方法制成的绿茶称为晒青绿茶。晒青绿茶是绿茶里较独特的品种,是将鲜叶在锅炒杀青、揉捻后直接通过太阳光照射来干燥。

【蒸青绿茶】

在加工过程中通过高温蒸汽的方法,将鲜叶杀青而制成的绿茶称为蒸青绿茶。蒸青绿茶的香气较闷,略带青气,其涩味较重,不及炒青绿茶那样鲜爽。

绿茶的冲泡

【茶具选用】

冲泡绿茶的茶具首选是透明度佳的玻璃杯,这样可以欣赏到茶叶在水中舒展的形态。除玻璃杯外,白瓷茶杯也是不错的选择,能映衬出茶汤的青翠明亮。

【水温控制】

绿茶冲泡的最适宜的水温是85℃。水温如果太高则不利于及时散热,容易将茶汤闷得泛黄而口感苦涩。冲泡两次之后,水温可适当提高。在实际的冲泡过程中,也可以根据冲泡方法以及茶叶品种、鲜嫩程度的不同而适当调整水温。

【置茶量】

茶叶用量可结合茶具大小以及茶叶种类，可适当尝试不同用量，以此找到自己喜欢的茶汤浓度。一般来说，茶叶与水的比例以1∶50为宜，即1克茶叶用50毫升的水。

【冲泡方法】

绿茶冲泡通常有三种方法。

第一种是上投法。先一次性向茶杯中倒入足量的热水，待水温适度时再放入茶叶。这种方法水温掌握得要非常准确，多适用于细嫩炒青绿茶。

第二种是中投法。先往茶杯中放入茶叶，再倒入三分之一的热水，稍加摇动，使茶叶吸足水分舒展开来，再注入热水至七分满。这种方法也适合较为细嫩的茶叶。

第三种是下投法。先向茶杯中放入茶叶，然后一次性向茶杯内倒入足量的热水。这种方法适用于细嫩度较差的绿茶，也属于日常冲泡绿茶最常用的方法。

【冲泡时间】

绿茶的冲泡，以前三次冲泡的为最佳，冲泡三遍后的滋味开始变淡。冲泡好的绿茶应尽快饮完，最好不放置超过6分钟，易使绿茶的口感变差，从而失去绿茶的鲜爽。

【适时续水】

当茶杯中只剩下三分之一的茶汤时，即可适当续水了。续水前，应先将温水加热，再注入茶杯中冲泡绿茶，这样才能保证续水后的茶汤温度仍不低于90℃，也保证了茶汤的浓度。一般每杯茶可续水两次，也可按个人口味喜好酌情处理。

绿茶的贮藏

高档绿茶一般采用纸罐、铝罐内衬阻碍性好的软包装，价格中等的还流行用铁罐、铝罐或者易拉罐包装，其保鲜效果都很显著。绿茶保存时可以结合使用干燥剂进行干燥，或放入冷库进行冷藏，其保鲜效果则更理想。

安吉白茶（烘青绿茶）

安吉白茶，是一种珍稀的变异茶种，属于"低温敏感型"茶叶。

安吉白茶虽然名为白茶，实为绿茶，因为它是按照绿茶的加工方法制作而成的。安吉白茶是在特定的白化期内采摘、加工和制作的，所以茶叶经冲泡后，其叶底也呈现玉白色。

产地
浙江省安吉县。

干茶

外形：形略扁，挺直如针，芽头肥壮带茸毛，叶片玉白，茎脉翠绿。
香气：如"淡竹积雪"的奇异之香。
手感：平滑软嫩。

茶汤
香气：清香高扬。
汤色：清澈明亮，呈现玉白色。
口感：清润甘爽，鲜醇爽口，令人唇齿留香、甘味生津。

叶底

嫩绿明亮，茶芽朵朵，叶脉绿色。

功效
1. **护眼明目**：安吉白茶中的维生素C对减少眼疾、护眼明目均有积极的作用。
2. **抗衰老**：茶中维生素E是一种抗氧化剂，可以阻止人体中脂质的过氧化过程，因此具有抗衰老、抗菌消炎和减少激素活动的效应。

冲泡
【茶具】玻璃杯1个。
【方法】1. **温杯**：将开水倒入玻璃杯中进行温杯，弃水不用。
2. **冲泡**：将4克安吉白茶茶叶拨入玻璃杯中，再冲入85℃的水至七分满。
3. **品茶**：静置片刻后，即可品饮，安吉白茶入口的滋味鲜爽，无苦涩味，回味甘甜。

大佛龙井（炒青绿茶）

"南方有嘉木，新昌有好茶"，大佛龙井茶就产自新昌天姥山的高山云雾中，采用西湖龙井嫩芽精制而成，品质卓越。主要分为两种基本定型，具有两种不同风格的茶品，分别为绿版及黄版，区别在于成品茶的外形色泽和对香气的不同追求。新昌大佛龙井主要得益于得天独厚的自然环境，具备了茶叶典型的高山风味。

产地 浙江省的新昌县。

干茶
- 外形：扁平光滑，色泽绿翠匀润。
- 气味：带有纯正的花香。
- 手感：平滑。

茶汤
- 香气：略带花香。
- 汤色：黄绿明亮。
- 口感：鲜爽甘醇。

叶底
细嫩成朵。

功效

1. 排毒养颜：常喝大佛龙井茶，可以排毒养颜、抗衰老以及防辐射。
2. 兴奋作用：茶叶中的咖啡碱能够兴奋人的中枢神经系统，帮助人们振奋精神，缓解疲劳。

冲泡

【茶具】玻璃杯1个。
【方法】1.温杯：将热水倒入玻璃杯中进行温杯，而后弃水不用。
2.冲泡：将5克大佛龙井茶叶拨入玻璃杯中，冲入80℃的水进行冲泡。
3.品茶：静待茶叶下沉，即可品饮。此刻就能够静心感受到大佛龙井茶略带花香，茶汤滋味鲜爽甘醇的特点。

松阳银猴（炒青绿茶）

松阳银猴茶为浙江省新创制的名茶之一。银猴茶采制技术精巧，开采早、采得嫩、拣得净是银猴茶的采摘特点。

此茶清明前开采，谷雨时结束。采摘标准为特级茶为一芽一叶初展，1~2级茶为一芽一叶至一芽二叶初展。该茶品质优异，被誉为"茶中瑰宝"。

产地
浙江省松阳瓯江上游的古市区。

干茶
- **外形**：卷曲多毫，色泽如银。
- **气味**：有一种令人心旷神怡的茶香。
- **手感**：多毫，有茸毛感。

茶汤
- **香气**：香气浓郁。
- **汤色**：绿明清澈。
- **口感**：甘甜鲜爽。

叶底
黄绿明亮。

功效
1. **抗菌杀菌**：松阳银猴中的茶多酚有助于保护消化道，防止肿瘤发生。
2. **保护口腔健康**：松阳银猴漱口可预防牙龈出血和杀灭口腔细菌，保持口腔清洁。

冲泡
【茶具】玻璃杯1个。

【方法】
1. **温杯**：将热水倒入玻璃杯中进行温杯，而后弃水不用。
2. **冲泡**：将3克松阳银猴茶叶拨入玻璃杯中，往玻璃杯中冲入75~85℃的水，至七分满即可。
3. **品茶**：1分钟后即可出汤品饮，入口后，香气浓郁，滋味甘甜、鲜爽。

千岛玉叶（炒青绿茶）

千岛玉叶是1982年创制的名茶，原称"千岛湖龙井"。千岛玉叶月白新毫，翠绿如水，纤细幼嫩，获得茶叶专家的一致好评。

千岛玉叶制作略似西湖龙井，而又有别于西湖龙井。其所用鲜叶原料，均要求嫩匀成朵，标准为一芽一叶初展，并要求芽长于叶。

产地：浙江省淳安县千岛湖畔。

干茶
- 外形：扁平挺直，绿翠露毫。
- 气味：带有青纯茶香，隽永持久。
- 手感：嫩绿成朵状的千岛玉叶茶叶触摸起来有壮结感。

茶汤
- 香气：清香持久。
- 汤色：黄绿明亮。
- 口感：醇厚鲜爽。

叶底：嫩绿成朵。

功效

1. 降低胆固醇：千岛玉叶中的儿茶素能降低血液中的胆固醇。
2. 抑制心血管疾病：千岛玉叶中的黄酮醇类有抗氧化作用，可有效防止血液凝块、血小板成团，减少血液系统发生病变，可以有效抑制心血管疾病。

冲泡

【茶具】盖碗1个。

【方法】1. 温杯：将开水倒入盖碗中进行冲洗，而后弃水不用。

2. 冲泡：将3克千岛玉叶茶叶拨入盖碗中，冲入85℃的水，至七分满即可。

3. 品茶：放入茶叶后，可欣赏茶叶在杯中根根直立，如舞如蹈的骄人姿态，1分钟后即可出汤品饮。

【 识茶、购茶、品茶 】

松阳香茶（炒青绿茶）

松阳香茶，以香得名，以形而诱人，整个生产过程中都以"精"为主，主要以其条索细紧、色泽翠润、香高持久、滋味浓爽的独特风格为人们所喜爱。松阳香茶的炒制工艺过程包括鲜叶的摊放、杀青、揉捻和干燥四道工序。每道工序都要求精确细致，要求它的原汁原味得到保留。

产地
浙江省松阳县。

茶汤
香气：清高持久。
汤色：黄绿清亮。
口感：浓爽清醇。

干茶
外形：条索细紧，色泽翠润。
气味：带有茶叶中最原始的气味，清香怡人。
手感：匀整而稍微有些滑腻。

叶底
绿明匀整。

功效
1. 促消化：茶叶中含有单宁酸，可以消化饮食后的油腻感，促进消化。
2. 提神醒脑：松阳香茶的香气得到比较完整的保留，清香怡人而且持久，因此常饮香茶可以宁神提神。

冲泡
【茶具】紫砂壶、茶杯各1个。
【方法】1. 洗茶：将5克松阳香茶拨入紫砂壶中，倒入热水清洗，而后弃水不用。
2. 冲泡：往紫砂壶中冲入90℃左右的水。
3. 品茶：品饮时，将茶汤倒入茶杯中，可将香气与茶汤的甘甜尽收心底。

惠明茶（炒青绿茶）

景宁惠明茶是浙江传统名茶，古称"白茶"，又称景宁惠明，简称惠明茶。产于景宁畲族自治县红垦区赤木山的惠明村，具有回味甜醇、浓而不苦、滋味鲜爽、耐于冲泡、香气持久等特点，是名茶中的珍品。惠明茶的加工工艺分为摊青、杀青、揉条、辉锅四道工序。

产地 浙江省景宁畲族自治县。

干茶
外形：紧缩壮实，翠绿光润。
气味：带有清幽的兰花香。
手感：茶叶匀整，具有重实感。

茶汤
香气：清高持久。
汤色：清澈明绿。
口感：鲜爽甘醇。

叶底
嫩绿匀整。

功效
1. **抑制抗病毒菌**：茶叶中的茶多酚对病原菌、病毒有一定抑制作用。
2. **防癌抗癌**：茶叶中的茶多酚可以阻断亚硝酸胺等多种致癌物质在体内合成，能直接杀伤癌细胞。

冲泡
【茶具】玻璃杯1个。
【方法】1.冲泡：将6克惠明茶轻轻拨入玻璃杯中，往茶杯中冲入80℃左右的水，至七分满即可。
2.品茶：入口后有兰花杳味，有"一杯鲜，二杯浓，三杯甘又醇，四杯五杯茶韵犹存"的感觉。

径山茶（烘青绿茶）

径山茶又名径山毛峰茶，简称径山茶。径山茶在唐宋时期已经有名，日本僧人南浦昭明禅师曾经在径山寺研究佛学，后来把茶种带回日本，是当今很多日本茶叶的茶种。产区气候温和湿润，雨量充沛，岭峰高处多雾，土质肥沃，为茶树的生长提供了良好的条件。

产地
浙江省余杭区。

茶汤
香气：清幽持久。
汤色：嫩绿莹亮。
口感：鲜醇爽口。

干茶
外形：纤细苗秀，色泽翠绿油润。
气味：带有独特的板栗香。
手感：纤幼光滑。

叶底
嫩匀明亮。

功效
1. 防癌抗癌：径山茶中的茶多酚、儿茶素等成分具有杀菌作用，能抑制血管老化，降低癌症发生率。
2. 保护消化道：径山茶中的茶多酚能保护消化道，防止消化道肿瘤的发生。

冲泡
【茶具】盖碗1个。
【方法】1. 冲泡：将5克径山茶拨入盖碗中，往茶碗中冲入85℃左右的水，至七分满即可。
2. 品茶：1分钟后即可出汤品饮，入口后，滋味甘醇爽口，香气清幽，回甘明显。

顾渚紫笋（炒青绿茶）

顾渚紫笋茶亦称湖州紫笋、长兴紫笋，是浙江传统名茶，早在1200多年前已负盛名。由于制茶工艺精湛，茶芽细嫩，色泽带紫，其形如笋，故此得名为"紫笋茶"，早在唐代便被茶圣陆羽论为"茶中第一"。该茶有"青翠芳馨，嗅之醉人，啜之赏心"之誉。

产地 浙江省湖州市长兴县水口乡顾渚山。

干茶
外形：外形紧洁，色泽翠绿。
气味：香蕴兰蕙之清。
手感：柔薄细嫩。

茶汤
香气：香气馥郁。
汤色：清澈明亮。
口感：甘醇鲜爽。

叶底
细嫩成朵。

功效
1. **抑制病菌滋生**：顾渚紫笋茶叶中含有的儿茶素能抑制人体病菌滋生。
2. **防治动脉硬化**：顾渚紫笋茶中的茶多酚和维生素C都有活血化瘀，防止动脉硬化的功效。

冲泡
【茶具】玻璃杯1个。
【方法】1. 冲泡：将4克顾渚紫笋茶叶拨入玻璃杯中，再往杯中冲入85℃左右的水，静待3分钟。
2. 品茶：入口后，茶味鲜醇，回味甘甜，有一种沁人心脾的感觉。

武阳春雨（炒青绿茶）

武阳春雨茶产于浙江省武义县，是1994年由武义县农业局研制开发的名茶，问世以来屡获殊荣，1999年获全国农业行业最高奖99中国国际博览会"中国名牌产品"。

武阳春雨的茶叶自然品质"色、香、味、形"独特，具有独特的兰花清香，享有盛誉。

产地 浙江省武义县。

茶汤
香气：清高幽远。
汤色：清澈明亮。
口感：甘醇鲜爽。

干茶
外形：形似松针，嫩绿稍黄。
气味：气清而味幽远，具有独特的兰花清香。
手感：柔韧光滑。

叶底
叶底嫩绿。

功效

1. 美白及防紫外线：茶叶中的儿茶素类物质能预防UV-B引发的皮肤癌。
2. 有助于抑制心血管疾病：茶多酚中的儿茶素ECG和EGC及其氧化产物茶黄素等，能使形成血凝黏度增强的纤维蛋白原降低。

冲泡

【茶具】盖碗1个。
【方法】1. 投茶：将5克武阳春雨茶叶拨入盖碗中。
2. 冲泡：往杯中冲入80℃左右的水，七分满即可。
3. 品茶：3分钟后即可品饮，入口后，香气清高幽远，滋味甘醇鲜爽，有独特的兰花香气。

鸠坑毛尖茶于1985年被农牧渔业部评为全国优质茶；1986年在浙江省优质名茶评比中获"优质名茶"称号。

鸠坑毛尖除制绿茶外，亦为窨制花茶的上等原料，窨成的"鸠坑茉莉毛尖""茉莉雨前"均为茶中珍品。

鸠坑毛尖（炒青绿茶）

产地：浙江省淳安县鸠坑源。

干茶
外形：硕壮挺直，色泽嫩绿。
气味：气味芬芳，清香。
手感：有壮结、紧直感。

茶汤
香气：隽永清高。
汤色：清澈明亮。
口感：浓厚鲜爽。

叶底
黄绿嫩匀。

功效

1. **抗衰老**：鸠坑毛尖所含的抗氧化剂有助于抵抗老化。
2. **抗菌**：鸠坑毛尖中儿茶素对引起人体致病的部分细菌有抑制效果，同时又不致伤害肠内有益菌的繁衍，因此鸠坑毛尖具备清肠道的功能。

冲泡

【茶具】玻璃杯1个。
【方法】1.冲泡：将3克鸠坑毛尖茶叶拨入玻璃杯中，往杯中冲入85℃左右的水，七分满即可。
2.品茶：入口后，茶味芬芳而带有熟栗子香，滋味鲜浓，一般冲泡5次后还有极佳的茶香味。

【识茶、购茶、品茶】

雁荡毛峰（炒青绿茶）

雁荡毛峰，又称雁荡云雾，旧称"雁茗"，雁山五珍之一。雁荡毛峰为雁荡地区著名的高山云雾茶，明代即列为贡茶，佳茗之声名闻遐迩。此饮品有一饮加"三闻"之说。即一闻浓香扑鼻，再闻香气芬芳，三闻茶香犹存。滋味头泡浓郁，二泡醇爽，三泡仍有感人茶韵。

产地
浙江省乐清市雁荡山。

干茶
外形：秀长紧结，色泽翠绿。
气味：茶香高雅而味极佳。
手感：壮结平滑。

茶汤
香气：香气高雅、浓郁。
汤色：浅绿明净。
口感：滋味甘醇、异香满口。

叶底
嫩匀成朵。

功效
1. **益思健脑**：雁荡毛峰所含的咖啡因会让你活力十足，工作起来头脑清醒、思维活跃。
2. **抗衰老**：茶多酚有生理活性，可抗衰老。

冲泡
【茶具】盖碗1个。
【方法】1. 冲泡：将5克雁荡毛峰拨入备好的盖碗中，往碗中冲入80℃左右的水，至七分满即可。
2. 品茶：片刻后即可品饮。雁荡毛峰滋味甘醇，有一种清新之感，令人回味无穷。

普陀佛茶（炒青绿茶）

普陀佛茶又称普陀山云雾茶，产于普陀山。普陀山冬暖夏凉，四季湿润，土地肥沃，茶树大都分布在山峰向阳面和山坳避风的地方，为茶树的生长提供了十分优越的自然环境。普陀佛茶外形"似螺非螺，似眉非眉"，色泽翠绿披毫，香气馥郁芬芳，汤色嫩绿明亮，味道清醇爽口，又因其外形略像蝌蚪，亦称"凤尾茶"。

产地 浙江省普陀山。

干茶
外形：紧细卷曲，绿润显毫。
气味：清香馥郁。
手感：柔软，有茸毛感。

茶汤
香气：清香高雅。
汤色：黄绿明亮。
口感：鲜美浓郁。

叶底
芽叶成朵。

功效

1. **防癌、防辐射**：普陀佛茶有防癌、防治坏血病和抵御放射性元素等功能。
2. **消食去腻、净化胃肠管**：普陀佛茶有净化人体消化器官的作用，茶叶中的黄烷醇可使人体消化道松弛，净化消化道，消食去腻。

冲泡

【茶具】紫砂壶1个。
【方法】1. 投茶：将4克普陀佛茶茶叶拨入紫砂壶中。
2. 冲泡：然后冲入85℃左右的水，至七分满即可。
3. 品茶：片刻后即可品饮。滋味鲜美浓郁，气味清香高雅，品饮后令人神清气爽，回味无穷。

余姚瀑布仙茗（炒青绿茶）

余姚瀑布仙茗在1980年荣获"浙江省一类名茶称号"。该茶采用大茶树的芽叶制成，品质优异，在唐代已负盛名，陆羽誉之为"仙茗"。

明代诗人黄宗羲还写了一首名为《余姚瀑布茶》的诗，"炒青已到更阑后，犹试新分瀑布泉"，就是其中的名句。

产地 浙江省余姚市四明山区瀑布岭。

干茶
外形：苗秀略扁，色泽绿润。
气味：茶的气味天然清鲜。
手感：嫩匀轻薄、松软。

茶汤
香气：香气清鲜。
汤色：绿而明亮。
口感：滋味鲜醇。

叶底
嫩匀成朵。

功效

驻颜、抗衰老：余姚瀑布仙茗茶里边含有一种名叫茶多酚的物质，具有很强的生理活性和抗氧化性，是人体自由基天然的清除剂，经常饮用有美颜抗衰老功效。

冲泡

【茶具】玻璃杯1个。
【方法】1.冲泡：将3克余姚瀑布仙茗茶叶拨入玻璃杯中，往杯中冲入85℃左右的水，至七分满即可。
2.品茶：入口后香气清新，滋味鲜醇，令人回味无穷。

茅山青峰（炒青绿茶）

茅山青峰为新创名茶，创制于1982年，因茶叶外形锋苗显露，身骨重实，犹如青峰短剑而得名。茅山青峰是以谷雨前采摘的一芽一叶或一芽二叶为原料，经过摊放、杀青、整形、摊凉、辉锅、精制等一系列工序制作而成。茅山青峰曾获国家金奖，畅销国内外。

产地：江苏省常州市金坛区茅麓镇茅麓茶场。

干茶
外形：扁平挺直，绿润显毫。
气味：高爽清香。
手感：绿润显毫，手感柔滑。

茶汤
香气：清香高爽。
汤色：黄绿明亮。
口感：鲜爽醇厚。

叶底
嫩绿均匀。

功效

减肥瘦身、降压：茶叶中含有的咖啡碱、茶多酚、维生素C、叶酸对人体能起到调节脂肪代谢的作用，常饮能帮助减肥，还能降压护肝，起到防止动脉硬化的作用。

冲泡

【茶具】玻璃杯1个。
【方法】1.冲泡：将6克茅山青峰茶叶拨入玻璃杯中，冲入85℃左右的水至七分满即可。
2.品茶：1分钟后即可品饮。入口后鲜爽醇厚，回味悠长。

临海蟠毫（炒青绿茶）

临海蟠毫创制于1981年，因其蟠曲显毫而得名。临海蟠毫具有"三绿"特色，即色泽翠绿、汤色碧绿、叶底嫩绿，经泡耐饮，冲泡3—4次后茶味犹存。临海蟠毫的品类繁多，按照采制季节的迟早，可分为"雷鸣""明前""清明""谷雨"等茶。

产地：浙江省临海市。

干茶
- 外形：条索紧细，色泽翠绿。
- 气味：有似珠兰花的香味。
- 手感：茸毛多，有柔滑茸毛感。

茶汤
- 香气：清雅持久。
- 汤色：清澈明亮。
- 口感：浓厚回甘。

叶底
嫩绿成朵。

功效

1. **防癌抗癌**：临海蟠毫茶含有茶多酚，具有抗氧化作用，可抑制促癌物质和癌细胞的生长。
2. **助消化**：茶中的咖啡碱能提高胃液分泌量，可以增强消化能力。

冲泡

【茶具】玻璃杯1个。

【方法】
1. 投茶：温杯之后，将3克临海蟠毫茶叶轻轻拨入玻璃杯中。
2. 冲泡：往杯中冲入85℃左右的水即可。
3. 品茶：冲泡后，香气鲜嫩持久香，入口后滋味浓厚回甘，犹如新鲜橄榄。幽香四溢，齿颊留香。

羊岩勾青（炒青绿茶）

羊岩勾青茶是台州名茶，味道尤甚龙井茶。制作羊岩勾青的茶树为当地群体良种，采摘鲜叶嫩度以一芽一叶开展为主，采后经摊放、杀青、揉捻、炒小锅、炒对锅等工序。羊岩勾青的成茶产量较多，市场占有量大，信誉良好，是群众喜爱的一种中高档名优绿茶。

产地
浙江省临海市河头镇羊岩山茶场。

茶汤
香气：香高持久。
汤色：清澈明亮。
口感：滋味醇爽。

干茶
外形：形状勾曲，翠绿鲜嫩。
气味：带有明显的花香气味。
手感：结成朵，细嫩不平。

叶底
细嫩成朵。

功效
1. 消脂：茶中的咖啡碱能提高胃液的分泌量，可以增强分解脂肪的能力。
2. 改善肝脏纤维化：此茶可减少肝脏中胶原纤维的沉积，经常饮用此茶能够有效而安全地辅助改善肝脏纤维化。

冲泡
【茶具】盖碗1个。
【方法】1. 投茶：将6克羊岩勾青茶叶拨入盖碗中。
2. 冲泡：往盖碗中冲入80℃左右的水即可。
3. 品茶：冲泡后茶香香高持久，显嫩栗香，滋味醇爽，口感佳。

【识茶、购茶、品茶】

平水珠茶（炒青绿茶）

平水珠茶，也称圆茶，素以形似珍珠、色泽绿润、香高味醇的特有风韵而著称于世，其中尤以"天坛""骆驼"牌特级珠茶为佼佼者。在1981年获国家优质产品银质奖。1984年9月，在西班牙马德里举行的第二十三届世界优质食品评选会上，特级珠茶荣获金质奖。

产地
浙江省绍兴市。

茶汤
香气：浓郁持久。
汤色：清澈明亮。
口感：醇厚爽口。

干茶
外形：宛如珍珠，墨绿光润。
气味：气味香醇，清新淡雅。
手感：茶叶圆紧，手感比较重实。

叶底
芽嫩明亮。

功效
1. 抑制心血管疾病：平水珠茶中的黄酮醇类具有抗氧化作用，可以有效防止血液凝块，血小板成团，减少血液系统发生病变。
2. 排毒瘦身：平水珠茶中的茶碱和咖啡因可以有效减少人体内脂肪的堆积。

冲泡
【茶具】玻璃杯1个。
【方法】1. 冲泡：往杯中放入5克平水珠茶茶叶，往杯中冲入80℃左右的水至七分满即可。
2. 品茶：3分钟后即可品饮。冲泡后香气高而持久，汤色明亮。入口后醇厚爽口，香高味浓。

天目青顶（炒青绿茶）

天目青顶，又称天目云雾茶，产于浙江天目山，为历史名茶之一，也是在国际商品评比中获得过金奖的绿茶上品，一直是外销有机茶，并在欧洲茶叶市场有较高知名度。该茶制作工艺精细，原料上乘，是色、香、味俱全的茶中佳品。

产地：浙江省杭州市临安区天目山。

干茶
外形：挺直成条，翠绿油润。
气味：带有茶叶的久远的清香气味。
手感：茶叶肥厚，带有芽毫，手感丰盈。

茶汤
香气：清香持久。
汤色：浅黄明净。
口感：鲜醇爽口。

叶底
成朵匀整。

功效
1. 护齿健齿：天目青茶可抑制钙质减少，对预防龋齿、护齿、健齿有益。
2. 护眼明目：天目青茶中的维生素C等成分，能降低眼睛晶体混浊度，经常饮茶，对减少眼疾、护眼明目均有积极的作用。

冲泡
【茶具】玻璃杯1个。
【方法】1.冲泡：将3克天目青顶茶叶放入玻璃杯，冲入80℃左右的水，使茶叶上下翻滚。
2.品茶：2分钟后即可品饮。入口后滋味鲜醇爽口。连泡3次，色、香、味犹存。

【 识茶、购茶、品茶 】

泰顺云雾茶（烘青绿茶）

泰顺云雾茶是我国历史名茶，始产于汉代，宋代列为"贡茶"。泰顺云雾茶由于受高山凉爽多雾的气候及日光直射时间短等条件影响，形成叶厚，毫多，醇甘耐泡，含单宁、芳香油类和维生素较多等特点。泰顺云雾茶以"味醇、色秀、香馨、汤清"而久负盛名，畅销国内外。

产地 浙江省泰顺县。

干茶

外形：条索紧细，嫩绿油润。
气味：带有高山茶的香馨，气味高远。
手感：条索紧细，手感较粗糙。

茶汤

香气：清香持久。
汤色：清澈明亮。
口感：浓醇味甘。

叶底

黄绿嫩匀。

功效

1. 醒脑提神：泰顺云雾茶中的咖啡碱能使人体中枢神经兴奋，可起到提神、醒脑的作用。
2. 减肥消脂：茶叶中的生物碱能与人体内磷酸等结合形成核苷酸，核苷酸可以对氮化合物进行分解、转化，达到减肥消脂的功效。

冲泡

【茶具】玻璃杯1个。
【方法】1. 温杯：将热水倒入玻璃杯中进行温杯，而后弃水不用。
2. 冲泡：冲入85℃左右的水至玻璃杯七分满，再将4克泰顺云雾茶茶叶拨入玻璃杯中。
3. 品茶：片刻后即可出汤，入口后滋味浓醇，味甘，清香持久。

泰顺三杯香（炒青绿茶）

泰顺三杯香以香高味醇，冲泡三次后仍有余香而成名，其品质以春茶为优，秋茶居中，夏茶居次。泰顺三杯香的采摘标准是一芽二叶。近年来，由于制茶工艺的改进，三杯香的清香更比名眉持久，因而连续多次荣获省级名茶奖，被列为浙江省优质地方名茶。

产地：浙江省泰顺县。

茶汤
香气：清香持久。
汤色：清澈明亮。
口感：浓醇清爽。

干茶
外形：细紧苗直，油润黄绿。
气味：带有春茶的青草香。
手感：紧直。

叶底
嫩匀鲜活。

功效

抗菌消毒、防辐射：泰顺三杯香中的茶多酚是水溶性物质，能清除面部油腻、收敛毛孔、消毒灭菌、抗皮肤老化，减少紫外线辐射对皮肤的损伤，起到消毒、灭菌、抗皮肤老化，减少日光中的紫外线辐射对皮肤的损伤等功效。

冲泡

【茶具】盖碗1个。
【方法】1. 投茶：将4克泰顺三杯香茶叶拨入盖碗中。
2. 冲泡：往盖碗冲入85℃左右的水。
3. 品茶：1分钟后即可品饮，入口后，香气清高，有清爽怡人的绿豆清香，口感回味悠长。

开化龙顶（烘青绿茶）

开化龙顶茶为中国的名茶新秀，采于清明、谷雨间，选取茶树上长势旺盛健壮枝梢上的一芽一叶或一芽二叶初展为原料，炒制工艺分杀青、揉捻、初烘、理条、烘干等五道工序。1985年在浙江省名茶评比中，荣获食品工业协会颁发的名茶荣誉证书，同年被评为"全国名茶"之一。

产地 浙江省开化县齐溪乡白云山。

干茶
外形：紧直苗秀，色泽绿翠。
气味：带有幽兰的清香。
手感：嫩匀成朵状，手感比较壮结，稍有毛茸感。

茶汤
香气：清幽持久。
汤色：嫩绿清澈。
口感：浓醇鲜爽。

叶底
嫩匀成朵。

功效
1. 利尿消肿：开化龙顶茶叶中的咖啡碱、茶碱能利尿，缓解水肿、水潴留。
2. 强心解痉：开化龙顶茶叶中的咖啡碱具有强心、解痉、松弛平滑肌的功效，能解除支气管痉挛。

冲泡
【茶具】品茗盖碗1个。
【方法】1. 冲泡：将4克开化龙顶茶叶拨入盖碗中。往盖碗中冲入80℃左右的水，七分满即可。
2. 品茶：入口后，香气扑鼻馥郁持久，分别有板栗香和兰花香，以兰花香为上品。

江山绿牡丹（烘青绿茶）

江山绿牡丹始制于唐代，北宋文豪苏东坡誉之为"奇茗"，明代列为御茶。茶树芽叶萌发早，芽肥叶厚，持嫩性强，一般于清明前后采摘一芽一、二叶初展。江山绿牡丹以传统的工艺制作，经摊放、炒青、轻揉、理条、轻复揉、初烘、复烘等多道工序制作而成。

产地 浙江省江山市裴家地、龙井。

干茶
外形：白毫显露，色泽翠绿。
气味：带有淡淡的茶叶幽香。
手感：白毫显露，有茸毛感。

茶汤
香气：香气清高。
汤色：碧绿清澈。
口感：鲜醇爽口。

叶底
嫩绿明亮。

功效
1. 健齿护齿：江山绿牡丹含有氟，茶中儿茶素有抑制生龋菌作用，有助于减少牙菌斑及牙周炎的发生。
2. 防癌：江山绿牡丹茶对某些癌症有抑制作用，有助于帮助预防癌症。

冲泡
【茶具】盖碗1个。
【方法】1. 冲泡：将5克江山绿牡丹茶叶拨入盖碗中，再往盖碗冲入85℃左右的水即可。
2. 品茶：静置3分钟后即可品饮。入口后香气清高，具嫩栗香，滋味鲜醇爽口。

花果山云雾茶（炒青绿茶）

花果山云雾茶形似眉状、叶形如剪、清澈浅碧、略透粉黄、润绿显毫。冲泡后透出粉黄的色泽，条束舒展，如枝头新叶，阴阳向背，碧翠扁平，香高持久，滋味鲜浓。花果山云雾茶又因它生于高山云雾之中，纤维素较少，可多次冲泡，啜尝品评，余味无穷。

产地
江苏省连云港市花果山。

干茶

- **外形**：条束舒展，润绿显毫。
- **气味**：气息醇厚，比较持久。
- **手感**：平直长滑。

茶汤

- **香气**：香高持久。
- **汤色**：嫩绿清澈。
- **口感**：鲜浓甘醇。

叶底

黄绿明亮。

功效

1. **醒脑提神**：花果山云雾茶中的咖啡碱能使中枢神经兴奋，提神醒脑。
2. **利尿解乏**：花果山云雾茶中的咖啡碱可刺激肾脏，促使尿液迅速排出体外，提高肾脏的滤出率，减少有害物质对肾脏的伤害。

冲泡

【茶具】盖碗1个。

【方法】1. 冲泡：放入3克花果山云雾茶茶叶，冲入80℃左右的水至盖碗七分满即可。

2. 品茶：2分钟后即可品饮，入口后鲜浓甘醇，香气清高持久。

南京雨花茶（炒青绿茶）

雨花茶是全国名茶之一，茶叶外形圆绿，如松针，带白毫，紧直。雨花茶因产南京雨花台而得名。雨花茶必须在谷雨前采摘，采摘下来的嫩叶要长有一芽一叶，经过杀青、揉捻、整形、烘炒四道工序，全工序皆用手工完成。紧、直、绿、匀是雨花茶品质特色。雨花茶冲泡后茶色碧绿、清澈，香气清幽，滋味醇厚，回味甘甜。

产地 江苏省南京市雨花台。

干茶
- 外形：形似松针，色呈墨绿。
- 气味：气味清幽，有若有若无之感。
- 手感：两端略尖，触摸时稍有扎手。

茶汤
- 香气：浓郁高雅。
- 汤色：绿而清澈。
- 口感：鲜醇宜人。

叶底
嫩匀明亮。

功效

1. 预防疾病：雨花茶中的儿茶素能降低血液中的胆固醇，可以降低动脉硬化发生率，抑制血小板凝集。
2. 润肠通便：茶叶中的茶多酚可促进胃肠蠕动，帮助消化，预防便秘。

冲泡

【茶具】玻璃杯1个。
【方法】1. 温杯：将热水倒入玻璃杯中进行温杯，而后弃水不用。
2. 冲泡：冲入80℃左右的水至玻璃杯七分满，用茶匙将6克雨花茶茶叶从茶荷中拨入玻璃杯中。
3. 品茶：2分钟后即可出汤品饮，入口后鲜醇宜人。

金坛雀舌（炒青绿茶）

金坛雀舌产于江苏省常州市金坛区方麓茶场，为江苏省新创制的名茶之一。属扁形炒青绿茶，以其形如雀舌而得名，且以其精巧的造型、翠绿的色泽和鲜爽的嫩香屡获好评。

金坛雀舌内含成分丰富，水浸出物茶多酚、氨基酸、咖啡碱含量较高。

产地 江苏省常州市金坛区。

干茶
- **外形**：扁平挺直，翠绿圆润。
- **气味**：略带鲜爽的嫩香。
- **手感**：扁平挺直，手感柔韧、光滑。

茶汤
- **香气**：嫩香清高。
- **汤色**：碧绿明亮。
- **口感**：鲜醇爽口。

叶底
嫩匀成朵。

功效

1. **消炎止泻**：金坛雀舌中的茶多酚有较强的收敛作用，对病原菌、病毒有明显的抑制和杀灭作用，对消炎止泻有明显效果。
2. **美容护肤**：金坛雀舌茶叶还能用于清除面部的油，使皮肤更清爽。

冲泡

【茶具】玻璃杯1个。
【方法】1. **冲泡**：往杯中放入3克金坛雀舌茶叶，冲入80℃左右的水至玻璃杯七分满即可。
2. **品茶**：2分钟后即可品饮，入口后滋味鲜醇爽口，香气清高持久。

阳羡雪芽（炒青绿茶）

阳羡雪芽茶，其茶名是根据苏轼"雪芽我为求阳羡"诗句而得之，是宜兴老字号名茶。阳羡雪芽采制非常重视鲜叶原料，主要是槠叶、浙农139等良种茶树上的芽苞或一芽一叶初展，采取传统工艺和现代名茶机械精制而成，以汤清、芬芳、味醇的特点而誉满全国。

产地 江苏省宜兴市。

干茶
- 外形：纤细挺秀，嫩绿油润。
- 气味：带有怡人的芬芳气味。
- 手感：茶叶纤细而有银毫，带有些许茸毛感。

茶汤
- 香气：清香幽雅。
- 汤色：清澈明亮。
- 口感：浓厚清鲜。

叶底
色绿黄亮。

功效

1. 治疗粉刺：阳羡雪芽有很好的抗菌消炎、减少激素活动的作用，可治疗粉刺。
2. 美容养颜：阳羡雪芽茶叶中含有的锰元素能清除自由基，抑制脂质过氧化，起驻颜抗衰作用。

冲泡

【茶具】盖碗1个。

【方法】1. 冲泡：冲入80℃左右的水至盖碗中，放入5克阳羡雪芽茶叶，再倒入少许开水冲泡。

2. 品茶：1分钟后即可品饮，香气清香幽雅，入口后浓厚清鲜。

太湖翠竹（炒青绿茶）

太湖翠竹为创新名茶，产于江苏省无锡市，采用福丁大白茶等无性系品种芽叶，于清明节前采摘单芽或一芽一叶初展鲜叶。首创于1986年，2011年获得国家地理标志证明商标。该茶泡在杯中，茶芽徐徐舒展开来，形如竹叶，亭亭玉立，似群山竹林，因而得名。

产地：江苏省无锡市锡北镇。

干茶
- **外形**：扁似竹叶，翠绿油润。
- **气味**：清香，茶气鲜爽。
- **手感**：有韧厚光滑的质感。

茶汤
- **香气**：清高持久。
- **汤色**：黄绿明亮。
- **口感**：鲜醇回甘。

叶底
嫩绿匀整。

功效
1. **抗衰老**：太湖翠竹茶叶中含有的抗氧化剂，能起到抵抗老化的作用，对保护皮肤、抚平细纹等都有很好的功效。
2. **提神消疲**：太湖翠竹茶中的咖啡碱能刺激大脑皮质，有助于提神。

冲泡
【茶具】盖碗、品茗杯各1个。
【方法】1. **投茶**：将4克太湖翠竹茶叶拨入盖碗中。
2. **冲泡**：冲入80℃左右的水，浸泡茶叶40秒后，继续冲水至七分满即可。
3. **品茶**：冲泡之后，嫩绿的茶芽徐徐伸展开来，形状亦如竹叶，亭亭玉立。将茶汤倒入品茗杯中品饮，入口后鲜醇回甘，余味悠远。

无锡毫茶（炒青绿茶）

无锡毫茶在历次参加名茶和优质食品评比中多次获奖，1991年在杭州国际茶文化节上被授予"中国文化名茶"称号。无锡北面惠山的惠山泉素有"天下第二泉"之称。

无锡毫茶以一芽一叶初展、半展为主体，经杀青、揉捻、搓毛、干燥等工序精制而成。

产地　江苏省无锡市郊区。

茶汤
- 香气：香气清高。
- 汤色：绿而明亮。
- 口感：鲜醇爽口。

干茶
- 外形：肥壮卷曲，翠绿油润。
- 气味：清高悠长，香气扑鼻。
- 手感：肥嫩。

叶底
嫩绿匀齐。

功效

1. 预防疾病：无锡毫茶中的儿茶素能降低血液中的胆固醇，抑制血小板凝集，可以降低动脉硬化发生率。
2. 美容养颜：无锡毫茶所含茶多酚是人体自由基的清除剂，可使皮肤光滑。

冲泡

【茶具】玻璃杯1个。
【方法】1. 冲泡：放入6克无锡毫茶茶叶至玻璃杯后，冲入80℃左右的水至七分满即可。
2. 品茶：片刻后即可观察到茶叶在杯中绽放的景象，稍凉时品饮，入口后香高味鲜，嫩香持久。

金山翠芽（炒青绿茶）

金山翠芽原产于江苏省镇江市，因镇江金山旅游胜地而名扬海内外。金山翠芽的外形扁平挺削，色翠香高，冲泡后翠芽徐徐下沉，挺立杯中，形似镇江金山塔倒映于扬子江中，饮之滋味鲜浓，令人回味无穷。1985年，金山翠芽在农牧渔业部召开的中国名茶评选会上，荣获中国名茶称号。

产地 江苏省镇江市。

干茶

- **外形**：扁平匀整，黄翠显毫。
- **气味**：绿茶中少有的高香，茶香扑鼻。
- **手感**：肥匀平滑。

茶汤

- **香气**：清高持久。
- **汤色**：嫩绿明亮。
- **口感**：鲜醇浓厚。

叶底

肥匀嫩绿。

功效

抑制心血管疾病：金山翠芽茶叶中含有的茶多酚，尤其是茶多酚中的儿茶素ECG和EGC及其氧化产物茶黄素等，对人体脂肪代谢有着重要作用，能使形成血凝黏度增强的纤维蛋白原降低，凝血变清，从而抑制动脉粥样硬化。

冲泡

【茶具】紫砂壶1个。
【方法】1.冲泡：将4克金山翠芽茶叶拨入紫砂壶中。往杯中冲入85℃左右的水，七分满即可。
2.品茶：片刻后即可品饮。茶汤浅黄绿明亮，滋味鲜醇浓厚，以苦涩显著，后甘甜生津。

茅山长青（烘青绿茶）

茅山长青于1992年经国家林业局和草原审定为优质名茶。因茅山道教旅游胜地而名扬海内外。茅山长青茶精选优质芽孢制成，选料考究，加工工艺精细，其质优良，色、香、味俱佳，风格独特，回味有甘，香高持久，滋味鲜爽。浸泡时，或呈悬挂水面，或站立杯底，犹如春笋滴翠，具有极高的品赏效果。

产地 江苏省句容市。

干茶
外形：挺直如剑，翠绿油润。
气味：气味鲜嫩高爽。
手感：手感光滑挺直。

茶汤
香气：高爽清幽。
汤色：嫩绿清爽。
口感：鲜醇浓郁。

叶底
嫩绿明亮。

功效

1. 杀菌：茅山长青茶中含有的儿茶素，能对引起疾病的部分细菌起到抑制作用，同时又不会伤害到肠内有益菌的繁衍，具有调节肠胃、除菌整肠的作用。
2. 降压：茅山长青茶所含茶多酚和维生素C，能起到防止动脉硬化的作用。

冲泡

【茶具】玻璃杯1个。
【方法】1. 投茶：用茶匙将5克茅山长青茶叶从茶荷中拨入玻璃杯中。
2. 冲泡：往杯中冲入85℃左右的水，至玻璃杯七分满即可。
3. 品茶：2分钟后即可品饮，入口后滋味鲜醇，啜饮倍感鲜爽，而且有很好的生津止渴之效。

【 识茶、购茶、品茶 】

宝华玉笋（炒青绿茶）

宝华玉笋，产于江苏省句容市北部的宝华山国家森林公园，是采用大、中叶种茶鲜叶原料经特殊工艺加工而成的高级绿茶。

宝华玉笋曾荣获中国国际茶会金奖、第二届"中茶杯"全国名优茶评比一等奖、江苏省"陆羽杯"特等奖。

产地 江苏省句容市宝华山国家森林公园。

茶汤
香气：清鲜持久。
汤色：浅绿明亮。
口感：鲜醇爽口。

干茶
外形：挺直紧结，翠绿鲜活。
气味：清香怡人。
手感：紧结，稍有柔顺。

叶底
嫩绿匀齐。

功效

1. **益肠杀菌**：宝华玉笋茶叶中含有的儿茶素，能对引起疾病的部分细菌起到抑制作用，同时又不会伤害到肠内有益菌的繁衍，具有调节肠胃、除菌整肠的作用。
2. **抗癌**：宝华玉笋茶所含黄酮类物质能起到一定程度的体外抗癌作用。

冲泡

【茶具】玻璃杯1个。
【方法】1. **冲泡**：用茶匙将5克宝华玉笋茶叶从茶荷中拨入玻璃杯中，冲入85℃左右的水至玻璃杯八分满。
2. **品茶**：2分钟后品饮，只见茶叶亭亭玉立在杯底，似雨后春笋，入口后滋味鲜醇，香气清鲜而持久。

太平猴魁（烘青绿茶）

太平猴魁是中国历史名茶，创制于1900年，曾出现在非官方评选的"十大名茶"之列中。太平猴魁外形两叶抱芽，扁平挺直，自然舒展，白毫隐伏，有"猴魁两头尖，不散不翘不卷边"之称。太平猴魁在谷雨至立夏之间采摘，茶叶长出一芽三叶或四叶时开园，立夏前停采。

产地
安徽省黄山市北麓的黄山区新明、龙门、三口一带。

干茶
外形：肥壮细嫩，色泽苍绿匀润。
气味：香气高爽，带有一种兰花香味。
手感：叶底嫩匀，有轻轻细嫩的感觉。

茶汤
香气：香浓甘醇。
汤色：清澈明亮。
口感：鲜爽醇厚。

叶底
嫩匀肥壮。

功效
1. **抗疲劳**：太平猴魁茶叶中的咖啡碱能兴奋中枢神经，可帮助消除疲劳。
2. **抑制动脉硬化**：太平猴魁茶叶中的茶多酚和维生素C都有活血化瘀、防止动脉硬化的作用。所以经常饮茶的人当中，高血压和冠心病的发病率较低。

冲泡
【茶具】玻璃杯1个。
【方法】1.**冲泡**：往玻璃杯中冲入90℃左右的水至玻璃杯七分满，用茶匙将6克太平猴魁茶叶从茶荷中轻轻拨入玻璃杯中。
2.**品茶**：2分钟后即可出汤品饮，入口后鲜爽醇厚。

黄山银毫（烘青绿茶）

黄山银毫是创新名茶，产自安徽黄山，采摘清明前后一芽一叶嫩芽，要求做到三个一致，即"大小一致，老嫩一致，长短一致"，每500克鲜叶，嫩芽数在3000个以上。黄山银毫的精制，包括手工拣剔、杀青、揉捻、整形与提毫、烘焙干燥、拣剔与包装等工序。

产地
安徽省黄山市。

干茶

- **外形**：外形成条，墨绿油润。
- **气味**：带有一种持久的清高气味。
- **手感**：油润而柔软。

茶汤
- **香气**：馥郁持久。
- **汤色**：明净透亮。
- **口感**：回味甘甜。

叶底

明净柔软。

功效
1. **抗衰老**：黄山银毫茶叶中含有的抗氧化剂，能起到抵抗老化作用，对保护皮肤、抚平细纹等都有很好的功效，因此常饮有益。
2. **减肥**：黄山银毫茶叶中含茶多酚、氨基酸等，可帮助分解脂肪、减肥。

冲泡
【茶具】盖碗1个。
【方法】1.冲泡：往盖碗中冲入80℃左右的水至七分满，将准备好的3克黄山银毫茶叶快速放进，加盖摇动茶碗。
2.品茶：只见茶叶徐徐伸展，汤色明净透亮，香气馥郁，叶底明净柔软，入口后回味无穷。

天柱剑毫（烘青绿茶）

天柱剑毫因其外形扁平如宝剑而得名，以其优异的品质、独特的风格、峻峭的外表已跻身于全国名茶之列，1985年全国名茶展评会上被评定为全国名茶之一。每年谷雨前后，茶农就开始采摘新茶，由于均选用"一芽一叶"，因而产量有限，所以极为珍贵。

产地 安徽省潜山市天柱山。

干茶
外形：扁平挺直，翠绿显毫。
气味：茶叶清翠，带有一股淡淡的茶香的清幽。
手感：触摸时明显感到平直，匀整。

茶汤
香气：清雅持久。
汤色：碧绿明亮。
口感：鲜醇回甘。

叶底
匀整嫩鲜。

功效
1. 消食祛腻：天柱剑毫内含多酚类、氨基酸等有益成分，有助于消食祛腻。
2. 利尿补肾：茶中的咖啡碱可刺激肾脏，促使尿液迅速排出体外，提高肾脏的滤出率。

冲泡
【茶具】盖碗1个。
【方法】1. 冲泡：将4克天柱剑毫茶叶拨入盖碗中，再往盖碗中冲入75~85℃的水。
2. 品茶：2分钟后即可品饮，入口后，过喉鲜爽，口留余香，回味甘甜，有提神作用。

顶谷大方（炒青绿茶）

顶谷大方又名"竹铺大方""拷方""竹叶大方"，创制于明代，在清代被列为贡茶。大方茶产于黄山市歙县的竹铺、金川、三阳等乡村，尤以竹铺乡的老竹岭、大方山和金川乡的福泉山所产的品质最优，被誉称顶谷大方。顶谷大方制作方法独特，色香味俱全。

产地
安徽省黄山市歙县。

干茶
外形： 扁平匀齐，翠绿微黄。
气味： 气味高而长，带有板栗香。
手感： 触摸时有丰盈肥厚感。

茶汤
香气： 高长清幽。
汤色： 清澈微黄。
口感： 醇厚爽口。

叶底
芽叶肥壮。

功效
1. **消脂减肥：** 顶谷大方含茶碱、咖啡碱，能减少脂肪堆积，有减肥功效。
2. **软化血管：** 顶谷大方中的黄酮醇类具有抗氧化作用，常饮大方茶对改善血液循环，降低胆固醇，软化血管等都有效果。

冲泡
【茶具】盖碗1个。
【方法】1.冲水：冲入90℃左右的水至盖碗七分满即可。
2. 投茶：放入4克顶谷大方茶叶，加盖摇动盖碗。
3. 品茶：1分钟后即可品饮。只见扁平肥壮的茶叶逐渐舒展。入口后醇厚爽口，回味甘甜。

休宁松萝（炒青绿茶）

休宁松萝属绿茶类，为历史名茶，创于明代隆庆年间。明清时，松萝山为佛教圣地，早在明洪武年间松萝山盈福寺已名扬江南，香火鼎盛。松萝茶区别于其他名茶的显著特点是"三重"，即色重、香重、味重。"色绿、香高、味浓"是松萝茶的显著特点。

产地 安徽省休宁县。

干茶
- **外形**：紧卷匀壮，色泽绿润。
- **气味**：气味高爽，带有橄榄的香味。
- **手感**：卷曲，手感柔软。

茶汤
- **香气**：幽香高长。
- **汤色**：汤色绿明。
- **口感**：甘甜醇和。

叶底
嫩绿柔软。

功效

降脂、降胆固醇：休宁松萝含有的儿茶酸能促进维生素C的吸收，使胆固醇从动脉移至肝脏，降低胆固醇，还可增强血管的弹性和渗透能力，降低血脂，对冠心病、高血压有治疗作用。

冲泡

【茶具】玻璃杯1个。
【方法】1.冲水：往杯中冲入90℃左右的水至七分满即可。
2.投茶：轻轻放入5克休宁松萝茶叶。
3.品茶：2分钟后即可品饮，入口后滋味甘甜醇和，回味无穷，可细细品尝茶味后再咽下。

金山时雨（炒青绿茶）

"时雨"，是皖南一种名茶的代名词，品名"金山时雨"，产于著名学者胡适先生的故乡——绩溪县上庄镇上庄的邻村上金山。金山时雨是主产于安徽绩溪金山一带的条形炒青绿茶。研制于清末，后失传。1978年恢复生产，因形似珍眉，细若"雨丝"而得名。

产地
安徽省绩溪县。

干茶
外形：形似雨丝，翠绿油润。
气味：气味芳香怡人。
手感：纤细、嫩滑。

茶汤
香气：香高持久。
汤色：清澈明亮。
口感：醇厚回甘。

叶底
嫩绿金黄。

功效
1. **健齿护齿**：金山时雨茶可抑制人体钙质的流失，预防龋齿，健齿护齿。
2. **抑制心血管疾病**：金山时雨茶中的黄酮醇类具有抗氧化作用，能防止血液凝块、血小板成团，减少血液系统发生病变，可有效抑制心血管疾病。

冲泡
【茶具】盖碗1个。
【方法】1. 冲水：往盖碗中冲入90℃左右的水至七分满即可。
2. 投茶：放入3克金山时雨茶叶，加盖摇晃盖碗。
3. 品茶：1分钟后即可品饮，只见汤色明亮，朵朵如兰，含香渗苦，微涩清凉，后有回甘。

舒城兰花（烘青绿茶）

舒城兰花为历史名茶，创制于明末清初，我国安徽舒城、通城、庐江、岳西一带盛产兰花茶。

舒城兰花茶的得名有两种说法：一是芽叶相连于枝上，形似一枚兰草花；二是茶叶采制时正值山中兰花盛开，茶叶吸附兰花香，故而得名。

产地
安徽省舒城县。

干茶
外形：卷曲如钩，翠绿匀润。
气味：有一种独特的兰花香气。
手感：鲜嫩，光滑的手感。

茶汤
香气：鲜爽持久。
汤色：嫩绿明净。
口感：甘醇鲜香。

叶底
黄绿匀整。

功效
1. 益思健脑：舒城兰花茶中所含咖啡因会让人活力十足，工作起来头脑清醒、思维活跃。
2. 美白、防紫外线：舒城兰花中的儿茶素能抗UV-B所引发的皮肤癌。

冲泡
【茶具】盖碗1个。
【方法】1. 冲泡：往盖碗中加入3克舒城兰花茶叶，冲入85℃左右的水。
2. 品茶：冲泡后需静品、慢品、细品。一品开汤味，淡雅；二品茶汤味，鲜醇。入口后甘醇鲜香，有兰花香气，令人回味无穷。

大沽白毫（烘青绿茶）

大沽白毫产于江西省宁都县大沽乡，其产地有着优越的自然条件，那里群山绵延，云雾缭绕，空气清新，是茶叶的理想产地。该茶多次获得世界级的评奖，是名优绿茶。大沽白毫的外形紧细显毫，色泽绿润，具备一般优质茶叶所具有的特点，属江西八大名茶之一。

产地
江西省宁都县大沽乡。

干茶
外形：紧细显毫，翠绿油润。
气味：茶香之中又带有特殊的清幽气息。
手感：腻滑、柔嫩。

茶汤
香气：嫩香怡人。
汤色：清澈明亮。
口感：鲜爽回甘。

叶底
匀整幼嫩。

功效
1. **香气怡人**：大沽白毫的香气中带有嫩香，清幽动人，有沁脾益神的作用。
2. **美容养颜**：大沽白毫属于优质绿茶，有助于促进肠胃消化，减轻体重，抵抗辐射。

冲泡
【茶具】茶壶、茶杯各1个。
【方法】1. 冲泡：将4克大沽白毫茶叶放入茶壶中，再倒入85℃左右的水冲泡。
2. 品茶：3~4分钟后即可品饮，茶汤入口后鲜爽回甘，香气怡人。

【 第二章　绿茶名品 】

上饶白眉是江西省上饶市创制的特种绿茶，茶身满披白毫，外观雪白，外形恰如老寿星的眉毛，故而得此美名。1995年，上饶白眉在第二届中国农业博览会上获"金牌"奖，并被评为中国名茶。由于鲜叶嫩度不同，白眉茶分银毫、毛尖和翠峰三个花色，它们各具风格，品质皆优，总称为"上饶白眉"。

上饶白眉（炒青绿茶）

产地：江西省上饶市。

干茶
- 外形：条索匀直，绿润披毫。
- 气味：气味高而浓。
- 手感：茶叶白毫特别多，触摸时有茸毛感。

茶汤
- 香气：清高持久。
- 汤色：碧绿清澈。
- 口感：滋味鲜浓。

叶底：嫩绿成朵。

功效

1. **抗衰驻颜**：上饶白眉含有茶多酚，具有很强的生理活性和抗氧化性，可使人美容养颜，是人体自由基天然的清除剂。
2. **抗菌杀菌**：上饶白眉中的儿茶素对引起人体致病的部分细菌有抑制效果。

冲泡

【茶具】玻璃杯或盖碗1个。
【方法】1.温杯：将热水倒入玻璃杯或盖碗中进行温杯，而后弃水不用。
2.冲泡：将3克上饶白眉茶茶叶拨入玻璃杯或盖碗中，注入开水冲泡。
3.品茶：大约3分钟后即可出汤品饮，入口后滋味鲜醇，香高持久。

双井绿（炒青绿茶）

双井绿的产地依山傍水，土质肥厚，温暖湿润，时有云雾，茶树芽叶肥壮，柔嫩多毫。欧阳修的《归田录》中还将它推崇为全国"草茶第一"。双井绿分为特级和一级两个品级。特级以一芽一叶初展，芽叶长度为2.5厘米左右的鲜叶制成。一级以一芽二叶初展的鲜叶制成。

产地
江西省修水县杭口乡双井村。

干茶
外形：圆紧略曲，银毫显露。
气味：内质清高。
手感：柔滑，匀整。

茶汤
香气：清高持久。
汤色：清澈明亮。
口感：鲜醇爽厚。

叶底
嫩绿匀净。

功效
利尿、解乏：双井绿茶中的咖啡碱可刺激肾脏，促使尿液迅速排出体外，提高肾脏的滤出率，减少有害物质在肾脏中滞留时间，同时，咖啡碱还可排除尿液中的过量乳酸，有助于使人体尽快消除疲劳。

冲泡
【茶具】玻璃杯1个。
【方法】1.温杯：将热水倒入玻璃杯中进行温杯，而后弃水不用。
2.冲泡：往杯中冲入80℃左右的水至七分满，用茶匙将4克双井绿茶叶从茶荷中拨入玻璃杯中浸润。
3.品茶：稍泡后即可出汤品饮，入口后滋味鲜醇爽厚，回甘无穷。

婆源茗眉（炒青绿茶）

婆源茗眉茶因其条索纤细，如仕女之秀眉而得名。婆源茗眉的采摘标准为一芽一叶初展，要求大小一致，嫩度一致。其外形弯曲似眉，翠绿紧结，银毫披露，外形虽花色各异，但内质为清汤绿叶，香味鲜醇，浓而不苦，回味甘甜。滋味鲜爽甘醇为其特点。

产地 江西省婆源县。

茶汤
香气：清高持久。
汤色：黄绿清澈。
口感：鲜爽甘醇。

干茶
外形：弯曲似眉，翠绿光润。
气味：带着清香的气息，闻上去较为鲜醇。
手感：叶嫩而显得柔滑。

叶底
柔嫩明亮。

功效

1. 护齿健齿：婆源茗眉茶叶可抑制钙质的减少，有助于防龋齿、护齿、健齿。
2. 护眼明目：婆源茗眉茶中的维生素C等成分，能降低眼睛晶体混浊度，经常饮茶，对减少眼疾、护眼明目均有积极的作用。

冲泡

【茶具】玻璃杯1个。
【方法】1.冲泡：往玻璃杯中放入6克婆源茗眉茶叶，冲入80℃左右的水至玻璃杯七分满即可。
2.品茶：1分钟后即可品饮，入口后鲜爽回甘，回味悠长。

【识茶、购茶、品茶】

得雨活茶（炒青绿茶）

得雨活茶采用了独特的生物菌膜保鲜技术，使茶叶能长期保存而色、香、味如新，故名"活茶"。得雨活茶被称为是国宴茶，同时也是兰花香之国宴珍品茶。在春天来临茶树发新枝的时候，登岩采集，一芽二叶，再用小窝香柴精心烘焙制作。清香持久，常饮此茶对健康有益。

产地
江西省婺源县。

干茶

外形： 条索壮实，灰绿光润。
气味： 带有轻微的兰花香气。
手感： 卷曲不平，手感壮实。

茶汤
香气： 清香持久。
汤色： 黄绿明亮。
口感： 味醇浓甘。

叶底

卷曲青绿。

功效
1. **抗菌抗毒：** 得雨活茶的生产基地在海拔400米以上的高山上，既没有污染，又不施化肥、农药，还保证了茶叶的优良品质，常饮有助于抗菌抗病毒。
2. **清心醒脑：** 茶中的咖啡碱能使中枢神经兴奋，增强大脑皮质的兴奋过程。

冲泡
【茶具】茶壶、茶杯各1个。
【方法】1. 冲泡：将4克得雨活茶茶叶放入茶壶内，第一次冲泡不宜倒太多的水，稍微等一会儿再加水。
2. 品茶：待茶水味道更浓一些时，即可将茶汤倒入茶杯中，细细品茗，味道甘甜。

狗牯脑茶（炒青绿茶）

狗牯脑茶，创制于清代，又叫狗牯脑山石山茶，也曾一度被称为玉山茶，因其产地的山形似狗，命名"狗牯脑"。狗牯脑茶是江西珍贵名茶之一，其茶树生长的日照时间较短，多散射光，使芽叶持嫩性强，因此对其采制的要求也十分精细。

产地：江西省遂川县汤湖乡狗牯脑山。

茶汤
香气：清幽清香。
汤色：黄绿清明，清澄透亮。
口感：醇厚清爽，清凉可口，回味甘甜。

干茶
外形：紧结秀丽，白毫显露，叶片细嫩均匀，芽端微勾。
气味：略有花的香气，有清凉气息。
手感：匀整，光滑。

叶底
黄绿匀整，柔嫩鲜活。

功效

1. 提神醒脑：狗牯脑茶的茶水清莹而显略黄，饮后清凉芳醇，能提神醒脑。
2. 维持生理平衡：狗牯脑茶有利于增强机体免疫力，有益肝脾，更有助于利尿解毒，补充营养。

冲泡

【茶具】盖碗1个。
【方法】1. 洗茶：将4克狗牯脑茶茶叶拨入盖碗中，用80℃左右的水洗第一遍茶叶。
2. 冲泡：第二遍开始泡茶，将开水沿着碗壁冲入盖碗中。
3. 品茶：入口后回味甘甜，略有花香。

靖安白茶（炒青绿茶）

靖安白茶获2006年江西省名优茶评比银奖、2006年第三届中国国际茶业博览会金奖等荣誉。经过长期优选优育，靖安白茶形成了独特的品质优势。其外形圆紧秀直匀整，色泽白嫩，茶香浓郁，滋味甜和；汤色嫩黄明亮，叶底成朵并还原呈玉白色，叶脉翠绿。

产地
江西省靖安县。

干茶

- **外形**：紧结挺直，晶莹明亮。
- **气味**：带浓郁的气味，茶香馥郁。
- **手感**：挺直，平滑。

茶汤
- **香气**：鲜爽馥郁。
- **汤色**：嫩绿明亮。
- **口感**：甘味生津。

叶底

匀整碧绿。

功效
1. **护齿**：靖安白茶中含氟，能保护牙齿中的钙质，提高牙齿防酸抗龋能力。
2. **醒神、兴奋**：靖安白茶茶叶中含有的咖啡碱，能起到兴奋中枢神经的作用，有助于缓解疲劳，帮助增进思维。

冲泡
【茶具】玻璃杯1个。
【方法】1. 投茶：将5克靖安白茶茶叶拨入玻璃杯中。
2. 冲泡：冲入85℃左右的水至玻璃杯七分满即可。
3. 品茶：片刻后即可品饮。入口后口感细致，丝丝入扣，留香持久。

浮瑶仙芝（炒青绿茶）

"晴天早晚遍地雾，阴雨之时满山云"，这就是浮瑶仙芝的生长环境。此茶得日月精华，取山水灵气，于每年清明时节采摘，用原始烘焙手法制作而成。

浮瑶仙芝的产品远销俄罗斯、欧美等市场。

产地 江西省浮梁县。

干茶

外形：条索紧细，翠绿透亮。
气味：带有兰花的清晰的香气。
手感：嫩滑，纤细。

茶汤

香气：高香悠远。
汤色：汤色明亮。
口感：鲜爽甜口。

叶底

匀整幼嫩。

功效

1. **抗衰老**：浮瑶仙芝茶所含抗氧化剂能抵抗老化，常饮此茶，有延缓衰老作用。
2. **抗菌消炎**：浮瑶仙芝茶中的儿茶素对于引起人体疾病的病菌有抑制作用，同时又不致伤害人体肠内有益菌的繁衍，因此也具备清肠功能。

冲泡

【茶具】茶壶、茶杯各1个。
【方法】1. 洗茶：往茶壶中冲入少量90℃左右的水浸润5克浮瑶仙芝茶叶，将水滤去，可闻到茶香。
2. 冲泡：冲入80℃水，勿加茶壶盖。
3. 品茶：冲泡后的浮瑶仙芝口感特殊，留香持久，将其倒入茶杯中品饮。品茶后当茶汤剩下三分之一时继续加开水冲饮，可冲4~6次。

安化松针（炒青绿茶）

安化松针，产于湖南省安化县，是中国特种绿茶中针形绿茶的代表，因其外形挺直、细秀、翠绿，状似松树针叶而得名。安化松针的制作极为精巧，其制法有如玉露茶，具体操作可分为鲜叶摊放、杀青、揉捻、炒坯、摊凉、整形、干燥、筛拣等八道工序。

产地　湖南省安化县。

干茶

外形：宛如松针，翠绿显毫。
气味：气味浓厚，香醇。
手感：圆嫩，松软。

茶汤

香气：馥郁浓厚。
汤色：清澈明亮。
口感：甘爽甜醇。

叶底

匀整幼嫩。

功效

1. **防癌抗癌**：安化松针所含茶多酚、儿茶素能杀菌，可降低癌症发生率。
2. **养心补血**：安化松针中的黄酮醇类成分能起到抗氧化的作用，可以有效防止血液凝块。

冲泡

【茶具】玻璃杯1个。
【方法】1.**冲泡**：取3克安化松针放入玻璃杯中，冲入85℃左右的水至玻璃杯七分满即可。
2.**品茶**：片刻后即可品饮。入口后滋味甜醇甘爽，香气香郁浓厚。

南岳云雾茶（烘青绿茶）

南岳云雾茶产于湖南省中部的南岳衡山。这里终年云雾缭绕，茶树生长茂盛。南岳云雾茶造型优美，香味浓郁甘醇，久享盛名，早在唐代，已被列为贡品。南岳云雾茶的加工工艺分为杀青、清风、初揉、初干、整形、提毫、摊凉和烘焙八道工序。

产地
湖南省南岳衡山。

干茶
外形： 条索紧细，绿润有光泽。
气味： 有一股浓郁的清香，甜润醉人。
手感： 细薄，手感松软。

茶汤
香气： 清香浓郁。
汤色： 嫩绿明亮。
口感： 甘醇爽口。

叶底
清澈明亮。

功效
防癌抗癌、降低辐射伤害： 南岳云雾茶中的茶多酚可以阻断亚硝酸胺等多种致癌物质在体内合成，并具有直接杀伤癌细胞和提高机体免疫能力的功效，同时，茶多酚及其氧化产物具有吸收放射性物质锶90和钴60毒害的能力。

冲泡
【茶具】玻璃杯1个。
【方法】1.冲泡：往玻璃杯中冲入80℃左右的水至玻璃杯七分满，用茶匙将3克南岳云雾茶茶叶从茶荷中拨入玻璃杯中。
2.品茶：片刻后即可出汤品饮，入口后甘醇爽口，清香浓郁。

【 识茶、购茶、品茶 】

湘波绿（炒青绿茶）

湘波绿是湖南省茶叶研究所于1961年创制的新名茶。其原料标准为一芽二叶初展，全部采自无性系良种。湘波绿不但茶叶很好，它的名称也十分美丽，并以其独特的诗情画意卓立于全国万千茶名之中。该茶富含茶多酚、水浸出物、氨基酸、儿茶素、咖啡碱等，品质甚优。

产地
湖南省长沙市。

茶汤
香气：高锐鲜爽。
汤色：清澈明亮。
口感：醇厚爽口。

干茶
外形：紧结弯曲，绿翠显毫。
气味：香高，气味清爽宜人。
手感：紧结弯曲，有光滑感。

叶底
黄绿光鲜。

功效
1. **保护神经细胞**：湘波绿含茶多酚、儿茶素、咖啡碱等，能保护神经细胞。
2. **预防心血管疾病**：湘波绿中的儿茶素能降低胆固醇，抑制血小板凝集，减少动脉硬化发生。

冲泡
【茶具】玻璃杯1个。
【方法】1.冲泡：将3克湘波绿茶叶拨入玻璃杯中，在杯中冲入85℃左右的水，七分满即可。
2.品茶：1~2分钟后即可品饮，叶底黄绿而光鲜，此茶汤醇厚爽口，高悦鲜爽，品饮后令人神清气爽，回味无穷。

采花毛尖（蒸青绿茶）

采花毛尖是绿茶的一种，产自素有"中国名茶之乡"的湖北省五峰土家族自治县。此处群山环绕，云雾蒸腾，空气清新，雨水丰沛，出产的茶叶以味醇、汤浓、汤碧、香清及对人强身健体而著称。其选用优质芽叶精制而成，外形细直，色泽油绿，香气清醇。

产地 湖北省五峰土家族自治县。

干茶
外形：细秀匀直，鲜嫩翠绿。
气味：气味清新。
手感：柔韧、松直。

茶汤
香气：清新甘醇。
汤色：碧绿清澈。
口感：鲜爽回甘。

叶底
翠绿明亮。

功效

1. 强身健体：采花毛尖中含有维持人体生理系统正常运行的硒、锌等微量元素，经常饮用可提高人体免疫力，强身健体。
2. 清新口气：茶叶中所含的茶多酚能提高人体内酶的活性，清新口气。

冲泡

【茶具】玻璃杯1个。
【方法】1. 冲泡：将5克采花毛尖茶叶拨入玻璃杯中，冲入80℃左右的水至玻璃杯八分满即可。
2. 品茶：入口后醇厚鲜爽，让茶汤在舌面上往返流动，品尝茶味和汤中香气后再咽下。

【 识茶、购茶、品茶 】

桂林毛尖（烘青绿茶）

桂林毛尖为绿茶类新创名茶，20世纪80年代初创制成功。毛尖茶原产于桂林尧山脚下的广西桂林茶叶科研所。该茶滋味醇厚鲜爽。外形秀挺，白毫显露，色泽翠绿，香高持久，味醇甘爽、令人心旷神怡。1993年在泰国曼谷"1993年中国优质农产品及科技成果展览会"中获金奖。

产地
广西壮族自治区桂林市尧山地带。

干茶
外形： 条索紧细，翠绿光润。
气味： 清高，略沾染了杜鹃花之香气。
手感： 嫩匀、紧细，有茸毛感。

茶汤
香气： 清高持久。
汤色： 碧绿清澈。
口感： 醇和鲜爽。

叶底
嫩绿明亮。

功效
1. **保持健康：** 桂林毛尖茶汤中阳离子含量较多而阴离子较少，可帮助体液维持碱性。
2. **降低血压：** 桂林毛尖茶能降低胆固醇及低密度脂蛋白含量以控制血压。

冲泡
【茶具】玻璃杯1个。
【方法】1.冲泡：往玻璃杯中拨入5克桂林毛尖茶叶，冲入温度80℃左右的水至玻璃杯七分满即可。
2.品茶：片刻后即可品饮，茶汤入口后醇和鲜爽，嫩香持久。桂林毛尖茶喝到杯中尚余三分之一左右茶汤时，可加开水，通常以冲泡三次为宜。

石崖茶（炒青绿茶）

石崖茶是桂林的地方名茶，又名石岩茶、石山茶，因其生长在悬崖上而得名；旧时民间须驯猴采摘，故又称"猴摘茶""仙茶"，是古时朝廷的贡品。石崖茶按绿茶的加工工艺制作而成，外形紧结、重实，且不经发酵。

产地 广西壮族自治区昭平县南部大瑶山。

干茶
外形：条索紧结，津灰墨绿。
气味：带有独特的馨香。
手感：有紧结感，稍微粗糙。

茶汤
香气：馥郁持久。
汤色：碧绿清亮。
口感：鲜爽回甘。

叶底
碧绿匀整。

功效

1. 养颜美容：石崖茶中含有高达20%的黄酮类物质，是茶中水果，具有很强的抗氧化作用，能帮助延缓衰老、美容养颜。
2. 降压消炎：石崖茶不含咖啡碱，不影响睡眠，常饮可消炎润肺、降血压。

冲泡

【茶具】茶壶、茶杯各1个。
【方法】1.冲泡：将3克石崖茶茶叶拨入茶壶中，再往壶中快速倒入95℃左右的水，至七分满即可。
2. 品茶：约30秒后，即可将茶汤倒入茶杯中品饮，入口后醇厚饱满，鲜爽回甘。

【 识茶、购茶、品茶 】

象棋云雾（炒青绿茶）

象棋云雾是广西壮族自治区特种名茶之一，产于广西昭平县文竹与仙回乡间的象棋山。象棋云雾质地细嫩，清明前后开采，主要工艺是鲜叶摊青、高温杀青、过筛散热、初揉成条、烘干失水、复揉紧条、滚炒造型、文火足干等工序。

产地 广西壮族自治区昭平县象棋山。

茶汤
香气：香味馥郁。
汤色：嫩绿清澈。
口感：鲜爽回甘。

干茶
外形：紧细微曲，翠绿油润。
气味：香气馥郁，带有蜜糖花香。
手感：滑嫩，有紧细感。

叶底
黄绿明亮。

功效

清心解暑、除疲劳：象棋云雾能提神醒脑、清热解暑、消除疲劳、促进消化，它含有多种维生素，特别是具有抗癌效果的维生素C的含量最高，适量饮入可补充人体所需多种维生素。

冲泡

【茶具】玻璃杯1个。
【方法】1.冲泡：取4克象棋云雾茶放入玻璃杯中，冲入80℃左右的水至玻璃杯七分满即可。
2.品茶：片刻后即可品饮，入口后鲜爽回甘，沁人心脾。

古劳茶（炒青绿茶）

古劳茶是广东省的历史名茶。据史书记载，古劳茶山产茶于"宋元时期已现端倪"，而茶山顶的良道坪、大坑坪、永安、七星坑、锣鼓地、塔磨塘等六处村庄在550年前已开始植茶。古劳茶采自当地的古劳茶树，古劳茶树分青芽型和红芽型两种类型。

产地：广东省鹤山市古劳镇的丽水。

干茶
- 外形：紧结圆直，银灰显毫。
- 气味：气味纯香而悠远。
- 手感：手感平滑，稍带茸毛感。

茶汤
- 香气：高纯持久。
- 汤色：绿而明亮。
- 口感：醇和回甘。

叶底
细嫩匀整。

功效

1. **护齿明目**：古劳茶中含有的维生素C等成分能降低眼睛晶体混浊度，经常饮茶，对减少眼疾、护眼明目均有很好的疗效。
2. **利尿解乏**：古劳茶所含咖啡碱可提高肾脏滤出率，排除尿液中过量乳酸。

冲泡

【茶具】玻璃杯1个。
【方法】1.冲泡：取3克古劳茶，冲入85℃左右的水至玻璃杯七分满即可。
2.品茶：片刻后即可品饮，入口后鲜和回甘，滋味令人回味。古劳茶因具有独特的高火香味，故又称之"火花香茶"。具有头泡火气味，二泡糖香生，三泡神怡然，再泡味尚醇的特色。

白沙绿茶（炒青绿茶）

白沙绿茶为新创名茶，是选取海南和云南多种茶树嫩度、净度、新鲜度一致符合规定标准的鲜叶为原料，经过摊放、杀青、揉捻、干燥等工序制成的。最好的白沙绿茶产自白沙农场的陨石冲击坑，因其生物活性较强，有机质及矿物质含量高，因此产出的茶叶更加肥硕鲜嫩，内含物也较丰富。

产地
海南省白沙黎族自治县。

干茶
外形： 紧结匀整，绿润有光。
气味： 闻起来有持久、清远的香气。
手感： 粗糙。

茶汤
香气： 清香持久。
汤色： 黄绿明亮。
口感： 浓醇鲜爽。

叶底
细嫩匀净。

功效
1. **抗衰老：** 茶叶中含有的抗氧化剂，能起到抵抗老化的作用。
2. **消脂减肥：** 茶叶中含有茶多酚类化合物、氨基酸等多种成分，可以分解体内油脂。

冲泡
【茶具】玻璃杯1个。
【方法】1. 冲泡：用茶匙将5克白沙绿茶茶叶拨入玻璃杯中，冲入沸水至七分满即可。
2. 品茶：将茶汤倒入茶杯，入口后浓醇鲜爽。白沙绿茶连续冲泡时，具有"一开味淡二开吐，三开四开味正浓，五开六开味渐减"的耐冲泡性。

白毛猴（炒青绿茶）

白毛猴，或称白绿，属半发酵茶，原产于福建政和县，当地又称"白猴"，因形似毛猴而得名。其制法介于红茶、绿茶之间，外形重"保毫"和"做形"，内质重萎凋适度，使成茶香清味醇。采摘一芽二、三叶。白毛猴外形条索粗壮卷曲，白毫显现，犹如毛猴静伏而得名。

产地 福建省政和县。

干茶
外形：粗壮卷曲，绿中带白。
气味：散发着茶叶的清香。
手感：粗壮，有茸毛感。

茶汤
香气：毫香鲜爽。
汤色：清绿泛黄。
口感：醇和微甘。

叶底
嫩绿完整。

功效

1. 防癌抗癌：白毛猴茶中的儿茶素能抑制血管老化，降低癌症的发生率。
2. 抗衰老：白毛猴茶中含有的茶多酚，具有很强的生理活性和抗氧化性，是人体自由基天然的清除剂。

冲泡

【茶具】玻璃杯1个。
【方法】1. 冲泡：往玻璃杯中拨入3克白毛猴茶叶，冲入90℃左右的水至玻璃杯七分满即可。
2. 品茶：片刻后即可品饮。入口后醇和微甘、毫香鲜爽。

【 识茶、购茶、品茶 】

天山绿茶（炒青绿茶）

天山绿茶为福建烘青绿茶中的极品名茶，原产于西乡天山冈下章后的中天山、铁坪坑和际头的梨坪村。品质特优，尤其是里、中、外天山所产的绿茶品质更佳，称之"正天山绿茶"。天山绿茶素以"三绿"著称，即色泽翠绿，汤色碧绿，叶底嫩绿。该茶很耐冲泡，泡饮三四次后，余香犹存。

产地：福建省天山村。

干茶
- 外形：条索紧细，色泽翠绿。
- 气味：带有淡淡的珠兰花香。
- 手感：有茸毛感。

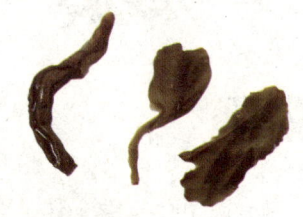

茶汤
- 香气：清雅持久。
- 汤色：清澈明亮。
- 口感：浓厚回甘。

叶底
叶底嫩绿。

功效

1. **防癌抗癌**：天山绿茶中的茶多酚、儿茶素等成分具有非常好的杀菌作用，能抑制血管老化，可以降低癌症的发生率。
2. **提神健脑**：天山绿茶所含的咖啡因可让人活力十足，有助于提神健脑。

冲泡

【茶具】玻璃杯1个。

【方法】1.冲水：往玻璃杯中冲入85℃左右的水至玻璃杯七分满即可。
2. 投茶：放入3克天山绿茶茶叶后，用开水冲泡。
3. 品茶：片刻后即可品饮。饮之幽香四溢，齿颊留芳，令人心旷神怡。

午子仙毫（烘青绿茶）

午子仙毫为名优绿茶，是西乡县茶叶科技人员研制开发的国家级名优绿茶。鲜叶于清明前至谷雨后10天采摘，以一芽一二叶初展为标准，经摊放、杀青、清风、揉捻、初干做形、烘焙、拣剔等七道工序加工而成，是陕西省政府外事礼品专用茶，人称"茶中皇后"。

产地 陕西省西乡县南名山午子山。

茶汤
香气：清香持久。
汤色：清澈明亮。
口感：醇厚爽口。

干茶
外形：状似兰花，翠绿鲜润。
气味：散发着鲜嫩茶叶的芬芳。
手感：微扁，手感平滑。

叶底
芽匀成朵。

功效

1. **提升消炎药功效**：只要用5%浓度的午子仙毫绿茶水服送消炎药，就可提升消炎药的功效。
2. **降脂降压**：老年人可以用凉白开来沏午子仙毫茶，可有效降低"三高"。

冲泡

【茶具】玻璃杯1个。
【方法】1.冲泡：往玻璃杯中冲入80℃左右的水至玻璃杯七分满，拨入3克午子仙毫茶叶，闷泡即可。
2.品茶：3分钟后即可品饮，入口后有板栗香，滋味醇厚。

【 识茶、购茶、品茶 】

西乡炒青（炒青绿茶）

西乡炒青是产自陕西的一种半烘炒绿茶，其制作过程一般经过杀青、分青、揉捻、烘焙和入锅炒制五个步骤。茶叶一芽一叶时即可采摘，此时茶因多酚类物质含量较高而味道浓醇，糖类芳香油使茶香持久浓郁，而氨基酸则令其口感甘爽。

产地 陕西省西乡县。

茶汤
香气：鲜爽香醇。
汤色：黄绿明亮。
口感：涩中泛甜。

干茶
外形：条索匀整，墨绿油润。
气味：茶气持久、浓郁。
手感：紧直。

叶底
芽叶成朵。

功效

1. **强身健体**：西乡炒青中含有维持人体生理系统正常运行的硒、锌等微量元素，经常饮用可提高人体免疫力，强身健体。
2. **延缓衰老**：西乡炒青属绿茶，其中含有抗氧化的成分，有助于延缓衰老。

冲泡

【茶具】茶壶、品茗杯各1个。
【方法】1.冲泡：将4克西乡炒青茶叶拨入茶壶中，冲入80℃左右的水至杯容量的七分满即可。
2.品茶：约40秒后即可出汤，将茶汤倒入品茗杯中，入口后爽口回甘。

紫阳毛尖（晒青绿茶）

紫阳毛尖产于陕西汉江上游、大巴山麓的紫阳县近山峡谷地区，系历史名茶。紫阳毛尖所用的鲜叶，采自绿茶良种紫阳种和紫阳大叶泡，茶芽肥壮，茸毛特多。紫阳毛尖加工工艺分为杀青、初揉、炒坯、复揉、初烘、理条、复烘、提毫、足干、焙香十道工序。

产地：陕西省紫阳县。

茶汤
- 香气：嫩香持久。
- 汤色：嫩绿清亮。
- 口感：鲜爽回甘。

干茶
- 外形：条索圆紧，翠绿显毫。
- 气味：嫩香清爽。
- 手感：紧致，重实，有茸毛感。

叶底

嫩绿明亮。

功效

1. **降糖降脂**：紫阳毛尖富含硒元素，适时饮用可延缓衰老，降脂、降糖。
2. **保护口腔**：紫阳毛尖茶中含有氟和儿茶素，可以抑制生龋菌作用，减少牙菌斑及牙周炎的发生，还可预防牙龈出血和杀灭口腔细菌，保持口腔清洁。

冲泡

【茶具】玻璃杯1个。

【方法】1. **冲泡**：往玻璃杯中放入5克紫阳毛尖茶叶，冲入85℃左右的水至玻璃杯七分满即可。

2. **品茶**：片刻后即可品饮。入口后鲜爽回甜。品用紫阳毛尖茶至少要过三道水，才能品出真味，初品，会觉得味较淡，有小苦；再品，苦中含香，味极浓郁；最后品一次，茶味更是越来越香。

崂山绿茶（炒青绿茶）

崂山绿茶是山东青岛崂山地区的产品，因茶叶中带有独特的栗子香而备受青睐。

崂山绿茶与日照绿茶有相似之处，也是有春夏秋茶之分。而不同的是，崂山绿茶作为"南茶北引"的先例，茶叶产量较低。

产地
山东省青岛市崂山区。

干茶

外形： 叶片大厚，表露白毫。
气味： 带有一种浓郁的豌豆香。
手感： 比较粗糙。

茶汤
香气： 清而不腻。
汤色： 绿中带黄。
口感： 不苦不涩。

叶底

芽叶完整。

功效
1. **抗衰老：** 崂山绿茶对人体的抗衰老作用主要体现在能够增强免疫力，从而起到抗衰老的作用，使人获得长寿。
2. **降脂减肥：** 常饮此茶能降低血液中的血脂及胆固醇，还能帮助消化。

冲泡
【茶具】玻璃杯1个。
【方法】1.冲泡：往玻璃杯中投入3~5克崂山绿茶，再往杯中冲入85℃左右的水。
2.品茶：片刻后即可品饮，崂山绿茶喝完以后可以续杯，宜在茶水喝到一半时续，一杯茶冲泡三四次左右，茶香最好。

【 第二章 绿茶名品 】

日照绿茶（炒青绿茶）

日照绿茶被誉为"中国绿茶新贵"，集汤色黄丽、栗香浓郁、回味甘醇的优点于一身。日照绿茶具备了中国南方茶所不具备的北方特色，因地处北方，昼夜温差极大，茶叶的生长十分缓慢，但香气高、滋味浓、叶片厚、耐冲泡，素称"北方第一茶"，属绿茶中的皇者。

产地 山东省日照市。

干茶
外形：条索细紧，翠绿墨绿。
气味：茶叶的香气较高。
手感：均匀，手感细紧。

茶汤
香气：清高馥郁。
汤色：黄绿明亮。
口感：味醇回甜。

叶底
均匀明亮。

功效

1. **养心保健**：日照绿茶中富含维生素，常饮能够预防心脑血管疾病。
2. **抗辐射**：日照绿茶中富含茶多酚和脂多糖等成分，有利于电脑工作者抵御辐射。

冲泡

【茶具】盖碗1个。
【方法】1. 投茶：取茶入盖碗，倒入开水，来回摇动数次后过滤出来。
2. 冲泡：往盖碗中冲入80℃左右的水，至八分满即可。
3. 品茶：约2分钟后即可出汤，闻其香品其韵，日照绿茶的馥郁久久在舌尖上萦绕。

【 识茶、购茶、品茶 】

竹叶青
（炒青绿茶）

峨眉竹叶青于1964年由陈毅命名，此后开始批量生产。四川峨眉山产茶历史悠久，宋代苏东坡题诗赞曰："我今贫病长苦饥，盼无玉腕捧峨眉。"

竹叶青茶采用的鲜叶十分细嫩，加工工艺十分精细。竹叶青茶扁平光滑色翠绿，是形质兼优的礼品茶。

产地 四川省峨眉山市。

干茶

外形：形似竹叶，嫩绿油润。
气味：气味芳香、明清。
手感：细嫩光滑。

茶汤

香气：高鲜馥郁。
汤色：黄绿明亮。
口感：香浓味爽。

叶底

嫩绿匀整。

功效

1. 排毒减肥：竹叶青茶中含有的咖啡碱、肌醇、叶酸等多种成分，能有效调节脂肪代谢。
2. 抑制癌细胞：竹叶青茶中的黄酮类物质有不同程度的体外抗癌作用。

冲泡

【茶具】玻璃杯1个。
【方法】1.冲泡：取3克峨眉竹叶青投入玻璃杯中，再冲入80℃左右的水，至玻璃杯七分满即可。
2.品茶：3分钟后即可品饮。入口后鲜嫩醇爽，是解暑佳品。

峨眉毛峰（炒青绿茶）

峨眉毛峰产于四川省雅安市凤鸣乡，原名凤鸡毛峰，现改为峨眉毛峰，是近年来新创制的蒙山地区名茶新秀。峨眉毛峰继承了当地传统名茶的制作方法，引用现代技术，采取烘炒结合的工艺，炒、揉、烘交替，扬烘青之长，避炒青之短，研究成独具一格的峨眉毛峰制作技术。

产地 四川省雅安市凤鸣乡。

茶汤
香气：鲜洁清高。
汤色：微黄而碧。
口感：浓爽回甘。

干茶
外形：条索紧卷，嫩绿油润。
气味：鲜洁、略带少许清幽气味。
手感：茶叶卷实、稍有茸毛感。

叶底
嫩绿匀整。

功效

1. 提神健脑：经常饮用峨眉毛峰茶具有消除疲劳，提神醒脑的作用，上班一族经常饮用还能帮助提高工作效率。
2. 消脂排毒：峨眉毛峰中含有咖啡碱，适当饮用，有助于消脂、排毒。

冲泡

【茶具】玻璃杯1个。
【方法】1. 投茶：将5克峨眉毛峰茶叶投入玻璃杯中。
2. 冲泡：在杯中冲入80℃左右的水，七分满即可。
3. 品茶：滋味浓爽，有天然的香气，品饮后令人神清气爽，久久回味。

峨眉山峨蕊（炒青绿茶）

唐代有"峨山多药草，茶尤好，异于天下"一说，峨眉山峨蕊主要产于黑水寺、万年寺、龙门洞一带，以香气馥郁著称，是高山优质茶的经典茶种，经过岁月沧桑后，峨蕊茶香飘千里，久享盛誉，产品畅销国内外。

产地
四川省峨眉山市。

干茶

外形： 紧秀匀卷，嫩绿鲜润。
气味： 嫩鲜的气味中夹杂着芳香。
手感： 稍松柔。

茶汤
香气： 清香馥郁。
汤色： 碧绿清澈。
口感： 鲜爽生津。

叶底

嫩芽明亮。

功效
1. **益气健脾：** 峨蕊香高气爽，常饮此茶可精神爽朗，有益气健脾之功效。
2. **消脂减肥：** 峨蕊茶中的茶多酚和维生素C能降低胆固醇和血脂，适当饮用此茶，能起到减肥作用。

冲泡
【茶具】盖碗1个。
【方法】1. **冲泡：** 先往盖碗中冲入80℃左右的水后，放4克峨眉山峨蕊茶，静待2分钟。
2. **品茶：** 饮其味，头酌色淡，幽香；二酌翠绿，芬芳；三酌碧青，回甘。

云南玉针（炒青绿茶）

云南玉针，又名青针，为新创制茶，因条索纤细尖翘，形似玉针故得名玉针，又因产于云南，又叫云绿，具有色泽绿润，条索肥实，回味甘甜，饮后回味悠长的特点。因为有生津解热、止渴润喉的作用，所以特别适合夏季饮用，令人感觉凉爽舒适。

产地
云南省。

干茶
外形：挺秀光滑，显毫翠润。
气味：鲜爽中带着悠悠的茶香。
手感：细长均匀，手感光滑。

茶汤
香气：高爽持久。
汤色：汤色清丽。
口感：鲜爽回甘。

叶底
匀整嫩绿。

功效
1. **保健强身**：云南玉针具备了预防疾病和抗癌、防辐射、防衰老等作用。
2. **消暑止渴**：云南玉针有生津解热、润喉止渴的作用，盛夏饮用倍感凉爽。
3. **消食祛痰**：云南玉针能起到消食利尿、治喘、祛痰、除烦去腻等功效。

冲泡
【茶具】玻璃杯1个。
【方法】1. 投茶：往玻璃杯中投入4克云南玉针茶叶，也可根据品茶习惯加减投量。
2. 冲泡：将85℃的水倒入玻璃杯至八分满，静待1~2分钟。
3. 品茶：入口后，让自己陶醉在云南玉针的芬芳馥郁里。

【 识茶、购茶、品茶 】

蒸酶茶（蒸青绿茶）

蒸酶茶是选用云南大叶优良品种经蒸汽杀青及特殊工艺精制而成的，是茶叶中的珍品，饮后令人回味不已。

蒸酶茶的主要特色是回甘好，外形微霜显露，滋味带有清香，而且经久耐泡。

产地 云南省。

茶汤
香气：清香回甘。
汤色：碧绿油润。
口感：甘甜滋润。

干茶
外形：条索紧直，清澈明亮。
气味：茶的清香之中带有回甘。
手感：具有紧实感。

叶底
嫩绿明亮。

功效

1. 助消化：蒸酶茶内含物质丰富，可消暑解渴、美容、益寿、助消化。
2. 消炎解毒：蒸酶茶清香回甘，经久耐泡，具有消炎、解毒、利尿等保健作用，对身体健康颇有益处。

冲泡

【茶具】玻璃杯1个。
【方法】1. 冲泡：以70~80℃的水冲泡3克蒸酶茶茶叶，茶叶与水的比例约为1:50至1:60，静候茶叶完全吸收水分。
2. 品茶：稍泡后出汤，入口后即可品赏蒸酶茶的清香和纯正。品饮时，宜小口慢酌，每次续水适量，约七分满即可。

【 第二章 绿茶名品 】

糯米香

（炒青绿茶）

糯米香属于绿茶，是在云南绿茶原料内加入一种野生草本物——"糯米香"的叶子精制而成。

古时傣族人十分喜欢此茶，于是种于竹楼四周，以便随时采摘，想喝时便抓几片入碗，饮后能使人感到身心舒爽。

产地 云南省西双版纳傣族自治州。

干茶
外形：多露白毫，色泽墨绿。
气味：带有独特的糯米清香。
手感：毛茸。

茶汤
香气：香气清雅。
汤色：汤色金黄。
口感：滋味甘厚。

叶底
叶肥芽壮。

功效

1. 消食醒酒：在酒后饮用此茶，具有特殊的醒酒和消食功效。
2. 补肾健胃：糯米香含香草醇等多种芳香成分，具有独特的糯米清香口感，有清热解毒、养颜抗衰、补肾健胃之功效，是理想的天然饮料。

冲泡

【茶具】玻璃杯1个。
【方法】1.洗茶：往玻璃杯投入4克糯米香茶叶，再倒入热水摇一摇滤去水。
2. 冲泡：往玻璃杯中倒入适量开水，闷泡2分钟。
3. 品茶：色、香、味俱佳而不落俗，品一口茶，滋味甘醇清雅。

青城雪芽（炒青绿茶）

青城雪芽，为20世纪50年代创制的新茶品种，该茶在1982年被评为四川省优质产品。这里峰峦叠翠，古树参天，有"青城天下幽"之誉。产区夏无酷暑，冬无严寒，雨雾蒙蒙，土层深厚，土质肥沃。青城山在宋代就开始设茶场，并形成一套制茶工艺。

产地：四川省都江堰市青城山。

干茶

外形：秀丽微曲，白毫显露。
气味：闻起来气味清爽，有淡香。
手感：鲜嫩，手感光滑。

茶汤

香气：香高持久。
汤色：碧绿清澈。
口感：鲜浓甘醇。

叶底

鲜嫩匀整。

功效

1. 利尿：青城雪芽含有的咖啡碱、茶碱有利尿作用，能缓解水肿、水潴留。
2. 强心解痉：青城雪芽中的咖啡碱具有强心、解痉、松弛平滑肌的功效，能解除支气管痉挛。

冲泡

【茶具】玻璃杯或盖碗1个。
【方法】1.冲泡：将4克青城雪芽茶叶投入玻璃杯或盖碗中，再往杯中冲入85℃左右的水，七分满即可。
2.品茶：片刻后即可品饮。滋味鲜浓，香高持久，品饮后令人神清气爽，回味无穷。

【 第二章　绿茶名品 】

蒙顶银针（炒青绿茶）

　　四川蒙顶银针茶是古时只有皇帝、达官贵人才能有幸一品的贡茶，现已逐渐被寻常百姓家所知晓。明代著名医学家李时珍在《本草纲目》中提及"真茶性冷，唯雅州蒙顶山出者温而主祛疾"。这表明了蒙顶山茶是唯一中性茶的独特功效。加之蒙顶银针嫩润可口，常饮此茶，对人体健康大有裨益。

产地　四川省雅安市名山区蒙顶山。

干茶
外形：芽头茁壮，色黄而碧。
气味：淡雅，带有少许的馨香。
手感：厚实，比较平滑。

茶汤
香气：味甘而清。
汤色：橙黄鲜亮。
口感：甘醇爽口。

叶底
嫩黄明亮。

功效

1. **抗癌**：蒙顶银针茶中所含物质丰富，如茶多酚、氨基酸、可溶糖、维生素等，对防治食管癌有明显功效。
2. **缓解疲劳**：酷暑天喝蒙顶银针，有消暑止渴、安心神、缓解疲劳的作用。

冲泡

【茶具】白色瓷杯碗或玻璃杯1个，要求透明度较好。
【方法】1. 冲泡：取5克蒙顶银针茶叶放入白色瓷杯碗或玻璃杯中，冲入80℃左右的水。
2. 赏茶：茶叶在杯子中一根根直立起，踊跃上冲，悬空竖立。
3. 品茶：待茶汤凉至适口后，小口品尝茶汤滋味，齿颊留芳，沁人肺腑。

蒙顶甘露（炒青绿茶）

蒙顶甘露是中国最古老的名茶，被尊为茶中故旧，名茶先驱。蒙顶甘露目前为中国"国礼茶"，在我国外事活动中深得国外嘉宾喜爱。"扬子江中水，蒙顶山上茶"，历代文人雅士对它赞扬不绝。蒙顶甘露为中国顶级名优绿茶、卷曲型绿茶的代表。

产地
四川省邛崃市蒙山。

干茶

外形：紧卷多毫，嫩绿色润。
气味：茶气浓郁，有丰厚的韵味。
手感：卷曲不平，结朵状，有细微茸毛感。

茶汤
香气：香气馥郁。
汤色：碧清微黄。
口感：浓郁回甘。

叶底
嫩绿鲜亮。

功效
1. **护齿明目**：蒙顶甘露含氟量高，每100克含10~15毫克，饮之可健齿；有利于减少眼疾、护眼明目。
2. **消炎止泻**：蒙顶甘露中的茶多酚有较强的收敛作用，对消炎、止泻有效。

冲泡
【茶具】玻璃杯1个。
【方法】1.冲泡：将5克蒙顶甘露茶叶拨入玻璃杯中，往杯中冲入85℃左右的水即可。
2.品茶：1分钟后即可品饮。其茶汤极似甘露，碧清微黄，滋味鲜爽，浓郁回甜。滋味浓郁回甘，香气馥郁，品饮后令人神清气爽，回味无穷。

蒙顶石花（炒青绿茶）

蒙顶石花是中国十大名茶之一，也是中国最早出现的扁形茶。

蒙顶石花的制作工艺一直沿用唐宋时期的"三炒三晾"制法，造型自然而美好似花。

蒙顶石花产于蒙山，所以名曰蒙顶石花，以其滋味鲜美、品质超群而名扬天下。

产地：四川省雅安市名山区。

干茶

外形：扁平直翠，嫩绿油润。
气味：气味较为鲜美，还沾染着一丝雅淡。
手感：手感滑腻匀整。

茶汤

香气：芬芳鲜嫩。
汤色：清澈明亮。
口感：香醇回甘。

叶底

细嫩匀整。

功效

1. **抗病灭菌**：蒙顶石花中的茶多酚对病原菌、病毒有明显抑制和杀灭作用。
2. **护肤美容**：蒙顶石花富含茶多酚，该物质具有抗氧化功效，与维生素等结合，能达到补充水分、紧致肌肤的作用。

冲泡

【茶具】盖碗1个。
【方法】1.冲泡：将3克蒙顶石花茶叶放入盖碗中，注入80℃左右的水至三分满。
2.品茶：蒙顶石花初泡清香，二泡甘甜，再泡浓香。

【 识茶、购茶、品茶 】

都匀毛尖（炒青绿茶）

都匀毛尖由毛泽东于1956年亲笔命名，又名白毛尖、细毛尖、鱼钩茶、雀舌茶，是贵州三大名茶之一。色、香、味、形均有独特个性，形可与太湖碧螺春并提，质能够同信阳毛尖媲美。著名茶界前辈庄晚芳先生曾经写诗赞曰："雪芽芳香都匀生，不亚龙井碧螺春。饮罢浮花清爽味，心旷神怡功关灵！"

产地 贵州省都匀市。

干茶
外形：条索卷曲，翠绿油润。
气味：高雅、清新，气味纯嫩。
手感：卷曲不平，短粗。

茶汤
香气：清高幼嫩。
汤色：清澈明亮。
口感：鲜爽回甘。

叶底
叶底明亮。

功效

1. **排毒养颜**：都匀毛尖具有净化人体消化器官的作用，具有排毒养颜之效。
2. **防癌抗癌**：由于都匀毛尖茶叶中抗氧化组合提取物GAT有抑制黄曲霉素、苯并吡喃等致癌物质的突变作用，故有抑制肿瘤转移的效应。

冲泡

【茶具】玻璃杯1个。
【方法】1. 冲泡：将5克都匀毛尖茶叶放入玻璃杯中，冲入80℃左右的水至七分满。
2. 品茶：片刻后即可品饮。入口后回味甘香。

遵义毛峰（炒青绿茶）

遵义毛峰茶，是绿茶类新创名茶，是为纪念著名的遵义会议于1974年而创制，于每年清明节前后10~15天采摘，经过杀青、揉捻、干燥三道工序制成。因炒制工艺有独到之处，自1978年外运展销以来，深受国内外人士赞赏，是宾客往来和旅游待客、馈赠礼物之佳品。

产地 贵州省遵义市湄潭县。

干茶
外形：紧细圆直，翠绿油润。
气味：清香、鲜润的茶香。
手感：柔韧。

茶汤
香气：清香幽雅。
汤色：碧绿明净。
口感：清醇爽口。

叶底
成朵匀齐。

功效

1. 抗衰老：遵义毛峰中含有自由基清除剂SOD，能有效清除过剩自由基。
2. 抗菌：遵义毛峰中的儿茶素对引起人体致病的部分细菌有抑制效果，同时又不致伤害肠内有益菌的繁衍，因此具备清肠的功能。

冲泡

【茶具】玻璃杯、茶匙、茶荷各1个。
【方法】1. 冲泡：用茶匙将4克遵义毛峰茶叶从茶荷中拨入玻璃杯中，倒入少量开水，以浸透茶叶为度。
2. 品茶：入口后口感清醇爽口，令人回味无穷。

【 识茶、购茶、品茶 】

绿宝石（绿宝石茶）

绿宝石茶是绿茶中的名品，主要产于贵州省黔中茶区的阿哈湖畔的高山上。这里生态环境良好，土壤为黄壤，深厚肥沃，林木茂盛，再加上湖水的调节使气候湿润，种植的茶树高产并且优质。此茶饮用后品质独特，如同宝石一样高贵，所以取名"绿宝石"。除此之外，绿宝石的加工技术十分独特，为贵州十大名茶之一。

产地　贵州省遵义市。

干茶
外形：紧结圆润，绿润光亮。
气味：气味醇香。
手感：圆润，丰满。

茶汤
香气：清香持久。
汤色：清澈明亮。
口感：鲜醇回甘。

叶底
鲜活完整。

功效

1. **防癌抗癌**：绿宝石中的茶多酚、儿茶素等成分具有非常好的杀菌作用，能抑制血管老化，可以降低癌症的发生率。
2. **益思健脑**：绿宝石含的咖啡碱会让人活力十足，使头脑清醒、思维活跃。

冲泡

【茶具】盖碗1个。
【方法】1.冲泡：将6克绿宝石茶叶拨入盖碗中，冲入80℃左右的水至七分满即可。
2.品茶：2分钟后即可品饮。入口后鲜醇回甘，沁人心脾，疲惫时饮用具有提神醒脑之效。

第三章 红茶名品

红茶的鼻祖在中国,世界上最早的红茶由中国福建武夷山茶区的茶农发明,名为"正山小种"。红茶属于全发酵茶类,是以茶树的芽叶为原料,经过萎凋、揉捻(切)、发酵、干燥等典型工艺过程精制而成。因其干茶色泽和冲泡的茶汤以红色为主调,故名红茶。红茶的种类较多,产地较广。其中祁门红茶闻名天下,工夫红茶和小种红茶处处留香。中国红茶品种主要有:金骏眉、正山小种、祁门红等。

红茶的分类

【小种红茶】

小种红茶是福建省的特产，小种红茶中最知名的当属正山小种。

【工夫红茶】

工夫红茶从小种红茶演变而来，较著名的品种有滇红工夫、祁门工夫红茶。

【红碎茶】

红碎茶是国际茶叶市场的大宗产品，包括滇红碎茶、南川红碎茶等品种。

【混合茶】

混合茶通常是指茶和茶的混合，是将不同品种的红茶搭配制成的。

【调味茶】

调味茶通常是在红茶中混入水果、花、香草等香味制成的。

红茶的冲泡

【茶具选用】

品饮红茶最适合用白色瓷杯或瓷壶冲泡，条件允许的情况下使用骨瓷茶具最佳。

【水温控制】

红茶适合用沸水冲泡，最适宜水温是95~100℃。水温如果太高则不利于及时散热，容易将茶汤闷得泛黄而口感苦涩。冲泡两次之后，水温可以适当提高。

【置茶量】

红茶冲泡时的茶叶与水的比例与绿茶类似，其比例为1:50，即1克茶叶需要50毫升的开水。

【冲泡方法】

1. 按茶汤调味分

按照红茶出茶汤后的调味与否,可将红茶的冲泡方法分为清饮法和调饮法两种。

清饮法是指将红茶茶叶放入茶壶中,加沸水冲泡,再将茶汤注入茶杯中品饮,不在茶汤中加任何调味品。调饮法是指在泡好的茶汤中加糖、牛奶、蜂蜜等调味。

2. 按花色品种分

按红茶花色品种的不同,红茶的冲泡方法大体可分为工夫红茶冲泡法和快速红茶冲泡法两种。工夫红茶冲泡法是采用中国传统的工夫红茶冲泡方法,如正山工夫小种、祁门工夫等注重外形、内质、滋味的品种多用冲泡法。快速红茶冲泡法操作起来则较为简单,主要针对红碎茶、袋泡红茶、速溶红茶等红茶品种。

3. 按冲泡茶具分

按冲泡红茶时使用茶具的不同,可将红茶的冲泡方法分为杯饮法和壶饮法两种。

【冲泡时间】

不同的红茶品种,其茶叶冲泡时间不同。原则上,细嫩茶叶的冲泡时间约2分钟,大叶茶约3分钟,如果是袋装红茶,则只需40~90秒。

【适时续水】

不需要等到茶杯中的茶汤都喝尽才续水,最佳的续水时间是在茶汤剩下1/3的量时,此时续水,既不会稀释茶叶,也可以保持茶的温度和深度。

红茶的贮藏

红茶的贮藏以干燥、低温、避光的环境为最佳,家庭贮藏主要有两种方式。

铁罐储藏法

选用市场上常见的马口铁双盖茶罐作为容器,将干燥的茶叶放入,再加盖进行密闭处理。这种方法是家庭中常用的做法,使用方便,缺点是不宜长期储存茶叶。

冰箱储藏法

只要将茶叶放入容器后,密封再放入冰箱内即可。冰箱内温度控制在5℃以下。

【 识茶、购茶、品茶 】

九曲红梅（工夫红茶）

九曲红梅简称"九曲红"，因色红香清如红梅，故称九曲红梅，是杭州西湖区另一大传统拳头产品，是红茶中的珍品。

九曲红梅茶产于西湖区周浦乡的湖埠、上堡、大岭、张余、冯家、灵山、社井、上阳、下阳一带，尤以湖埠大坞山所产的品质最佳。

产地 浙江省杭州市西湖区周浦乡。

茶汤
香气：香气芬馥。
汤色：红艳明亮。
口感：浓郁回甘。

干茶
外形：弯曲如钩，乌黑油润。
气味：高长而带松烟香般的气味。
手感：茶叶条索疏松，手感较差。

叶底
红艳成朵。

功效

1. **提神消疲**：经医学实验发现，九曲红梅茶中的咖啡碱可提神、使思考力集中，记忆力增强。
2. **生津清热**：茶中的多酚类与口涎产生化学反应，能产生清凉感，可止渴。

冲泡

【茶具】盖碗、茶匙、茶荷各1个，品茗杯3个。
【方法】1. **温杯**：用热水温盖碗，而后弃水不用。
2. **冲泡**：用茶匙将3克九曲红梅茶叶从茶荷中拨入盖碗中，然后用开水冲泡即可。
3. **品茶**：3分钟之后即可出汤品饮，倒入杯中，九曲红梅入口后滋味十分浓郁，而且香气馥郁。

越红工夫（工夫红茶）

越红工夫系浙江省出产的工夫红茶，以条索紧结挺直，重实匀齐，锋苗显，净度高的优美外形著称。越红毫色呈银白或灰白。浦江一带所产的红茶香气较高，滋味也比较浓一些，镇海红茶较细嫩。总的来说，越红条索虽美观，但叶张较薄，香味较次。

产地：浙江省绍兴市。

干茶

外形：紧细挺直，乌黑油润。
气味：因叶张较薄，气味较次。
手感：手感较实。

茶汤

香气：香味纯正。
汤色：汤色红亮。
口感：醇和浓爽。

叶底

叶底稍暗。

功效

1. 养胃护胃：越红工夫是全发酵性茶叶，茶多酚在氧化酶的作用下发生酶促氧化反应，能够养胃，还能消炎，保护胃黏膜。
2. 抑制动脉硬化：越红工夫茶叶中的茶多酚和维生素C能防止动脉硬化。

冲泡

【茶具】盖碗1个，品茗杯3个。
【方法】1. 温杯：约取3克越红工夫茶，放入盖碗中，将热水倒入盖碗中进行温杯，而后弃水不用。
2. 冲泡：再往盖碗中冲入95℃左右的水冲泡即可。
3. 品茶：片刻后即可品饮，将茶汤倒入品茗杯中，入口后滋味浓爽，香气纯正，有淡香草味。

宜兴红茶（工夫红茶）

宜兴红茶，又称阳羡红茶，又因其兴盛于江南一带，故享有"国山茶"的美誉。宜兴红茶源远流长，唐朝时誉满天下，尤其是唐代有"茶仙"之称的卢仝曾有诗句云"天子须尝阳羡茶，百草不敢先开花"，当时则将宜兴红茶文化推向了极致。

产地
江苏省宜兴市。

干茶
外形： 紧结秀丽，乌润显毫。
气味： 隐显玉兰花香。
手感： 匀细。

茶汤
香气： 清鲜纯正。
汤色： 红艳鲜亮。
口感： 鲜爽醇甜。

叶底
鲜嫩红匀。

功效
1. 预防疾病：经常用红茶漱口能预防由病毒引起的感冒以及其他疾病。
2. 增强抵抗力：红茶中的多酚类有抑制破坏骨细胞物质的活力，可增强人体抵抗力。

冲泡
【茶具】紫砂壶1个，茶杯3个。
【方法】1.冲泡：将热水倒入壶中进行温杯，冲入95℃左右的水至七分满左右，然后再将3克宜兴红茶快速放进紫砂壶中，加上盖子，再轻轻摇动。
2.品茶：倒入茶杯中，每次出汤都要倒尽，之后每次冲泡加5~10秒钟，入口后浓厚甜润。

苏红工夫（工夫红茶）

苏红工夫属红茶，因此也被称为"宜兴红茶"或"阳羡红茶"。宜兴产茶历史悠久，古代宜兴被称为"阳羡"，作为贡茶，陆羽首先推荐给唐朝官廷的就是"阳羡茶"。

苏红以槠叶和鸠坑两种茶树品种的鲜叶为原料，只加工成红条茶。

产地 江苏省宜兴市。

干茶
外形：条索紧细，乌润光泽。
气味：鲜甜有果香。
手感：手感均匀光滑。

茶汤
香气：甜醇甘香。
汤色：淡红明亮。
口感：深厚甘醇。

叶底
厚软红亮。

功效
1. **利尿**：苏红工夫中的咖啡碱和芳香物质联合作用，能增加肾脏的血流量，提高肾小球过滤率，促成尿量增加。
2. **生津清热**：功红工夫茶中含有的多酚类、糖类等能滋润口腔，生津解热。

冲泡
【茶具】盖碗、品茗杯各1个。
【方法】1. **温杯**：取3克左右的苏红工夫投入盖碗中，然后将热水倒入盖碗中进行温杯，而后弃水不用。
2. **冲泡**：再往盖碗中冲入95℃左右的水至七分满即可。
3. **品茶**：将茶汤倒入品茗杯中，入口后滋味浓厚甘醇，回味无穷。

【识茶、购茶、品茶】

湖红工夫（工夫红茶）

湖红工夫是中国历史悠久的工夫红茶之一，对中国工夫茶的发展起到十分重要的作用。湖红工夫茶主产于湖南省安化、桃源、涟源、邵阳、平江、浏阳、长沙等县市，湖红工夫以安化工夫为代表，外形条索紧结尚肥实，滋味醇厚，汤色浓，叶底红稍暗。

产地
湖南省益阳市安化县。

茶汤
香气：香高持久。
汤色：红浓尚亮。
口感：醇厚爽口。

干茶
外形：条索紧结，色泽乌润。
气味：香高而味厚。
手感：茸滑。

叶底
嫩匀红亮。

功效
1. **提神消疲**：红茶中的咖啡碱可兴奋神经中枢，使思维反应更加敏锐，记忆力增强，具有提神的作用。
2. **生津清热**：常饮此茶能够使口腔滋润，并且产生清凉之感，能生津解热。

冲泡
【茶具】紫砂壶、茶匙、茶荷各1个，品茗杯数个。
【方法】1. 温杯：将热水倒入壶中进行温壶，而后弃水不用。
2. 冲泡：用茶匙从茶荷中取3克湖红工夫投入壶中，再冲入95℃左右的水冲泡即可。
3. 品茶：稍等片刻后即可品饮，茶汤入口后滋味醇厚，回味悠长。

【 第三章 红茶名品 】

宁红工夫（工夫红茶）

修水古称定州，所产红茶取名宁红工夫茶，简称宁红。属于红茶类，是我国最早的工夫红茶之一。在唐代时，修水县盛产茶叶，生产红茶则始于清朝道光年间，到19世纪中叶，宁州工夫红茶成为著名的红茶之一。1914年，宁红工夫茶参加上海赛会，荣获"茶誉中华，价甲天下"的大匾。

产地 江西省九江市修水县。

干茶
外形：紧结秀丽，乌黑油润。
气味：香醇而持久。
手感：丰厚。

茶汤
香气：香味持久。
汤色：红艳清亮。
口感：浓醇甜和。

叶底
红亮匀整。

功效
1. 提神消疲：宁红工夫茶中含有咖啡碱，可提神除疲劳，使思考力集中。
2. 消炎杀菌：宁红工夫茶中的儿茶素类能与单细胞的细菌结合，借此抑制和消灭病原菌。

冲泡
【茶具】盖碗、茶匙、茶荷各1个，品茗杯数个。
【方法】1. 冲泡：用茶匙从茶荷中将3克宁红工夫茶叶投入盖碗中，再冲入95℃左右的水即可。
2. 品茶：2分钟后即可倒入品茗杯中，入口后滋味浓醇甜和，茶的滋味比较持久，夏季常饮可消暑提神。

【 识茶、购茶、品茶 】

宜红工夫（工夫红茶）

宜红工夫茶产于鄂西山区的鹤峰、长阳、恩施、宜昌等县，是湖北省宜昌、恩施两地区的主要土特产品之一。始于19世纪中叶，至今已有百余年历史，早在茶圣陆羽的《茶经》之中便有相关的记载。因其加工颇费工夫，所以又称为"宜红工夫茶"。

产地 湖北省宜昌市。

茶汤
香气：栗香悠远。
汤色：红艳明亮。
口感：醇厚鲜爽。

干茶
外形：紧细秀丽，乌黑显亮。
气味：甜纯而清远。
手感：重实。

叶底
红亮匀整。

功效

1. **解毒**：宜红工夫茶中的茶多酚能吸附重金属和生物碱，具有解毒功效。
2. **强壮骨骼**：红茶中的多酚类能抑制破坏骨细胞物质的活力，可帮助防治骨质疏松症。

冲泡

【茶具】茶壶、茶匙、茶荷、品茗杯各1个。
【方法】1. 温杯：用茶匙将取3克宜红工夫从茶荷中拨入到茶壶中，将热水倒入茶壶中进行温杯，而后弃水不用。
2. 冲泡：然后再冲入95℃左右的水即可。
3. 品茶：2分钟后即可倒入品茗杯中品饮，入口后滋味醇厚鲜爽。

金骏眉（小种红茶）

金骏眉，于2005年由福建武夷山正山茶业首创研发，是在正山小种红茶传统工艺基础上，采用创新工艺研发的高端红茶。该茶茶青为野生茶芽尖，摘于武夷山国家级自然保护区内海拔1200~1800米高山的原生态野茶树，是一种可遇不可求的茶中珍品。

产地
福建省武夷山市。

干茶
外形：圆而挺直，金黄油润。
气味：带有复合型的花果香。
手感：重实。

茶汤
香气：清香悠长。
汤色：金黄清澈。
口感：甘甜爽滑。

叶底
呈金针状。

功效
1. 抑制动脉硬化：金骏眉茶叶中的茶多酚和维生素C都有活血化瘀、防止动脉硬化的作用。
2. 减肥：金骏眉茶中的咖啡碱、叶酸等化合物，对蛋白质和脂肪有分解作用。

冲泡
【茶具】陶瓷茶壶、茶匙、茶荷、茶杯各1个。
【方法】1. 温杯：将热水倒入茶壶进行温杯，而后弃水不用。
2. 冲泡：然后用茶匙将3克左右的金骏眉茶叶从茶荷中拨入茶壶中，最后再冲入95℃左右的水至八分满。
3. 品茶：片刻后即可出汤，倒入茶杯中品饮，入口后甘甜爽滑。

正山小种（小种红茶）

正山小种红茶，是世界红茶的鼻祖，又称拉普山小种，是中国生产的一种红茶，正山小种红茶是最古老的一种红茶，茶叶是用松针或松柴熏制而成，有着非常浓烈的香味。因为熏制的原因，茶叶呈黑色，但茶汤为深红色。正山小种产地在福建省武夷山市，受原产地保护。

产地 福建省武夷山市。

茶汤

香气：细而含蓄。
汤色：橙黄清明。
口感：味醇厚甘。

干茶

外形：紧结匀整，铁青带褐。
气味：带有天然花香。
手感：油润。

叶底

肥软红亮。

功效

1. 解毒功效：正山小种红茶中的茶多碱能吸附重金属和生物碱，并沉淀分解，这对饮水和食品受到工业污染的现代人而言，不啻是一种福音。
2. 抗癌：研究发现，正山小种红茶同绿茶一样，同样有很强的抗癌功效。

冲泡

【茶具】陶瓷茶壶、茶匙、茶荷、品茗杯各1个。
【方法】1. 温杯：将热水倒入茶壶中进行温杯，而后弃水不用。
2. 冲泡：接着用茶匙将3克正山小种茶叶从茶荷中拨入茶壶中，再冲入95℃左右的水即可。
3. 品茶：片刻后即可出汤，倒入品茗杯中品饮，入口后味醇厚甘。

坦洋工夫（工夫红茶）

坦洋工夫为历史名茶，是福建三大工夫红茶之首。坦洋工夫选取了每年4月上旬一芽二叶或一芽三叶的嫩叶为原料加工制成。随着时代的变迁，坦洋工夫的制作工艺手法也与时俱进，不断寻求创新，但是仍旧注重保留着其"坦洋工夫"红茶的品质特征。

产地：福建省福安市坦洋村。

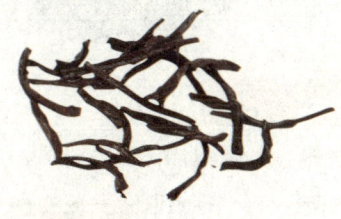

茶汤
- 香气：香高持久。
- 汤色：红艳明亮。
- 口感：醇厚甘甜。

干茶
- 外形：紧细匀直，乌润有光。
- 气味：香味醇正，沁人心脾。
- 手感：茸毛居多，手感柔软。

叶底
叶亮红明。

功效

1. 减肥作用：坦洋工夫茶中的咖啡碱在身体燃烧脂肪供应热能时保留肝醋，达到减肥健身的效果。
2. 解毒作用：茶中的茶多碱能吸附重金属和生物碱，起到解毒作用。

冲泡

【茶具】红泥壶、茶荷、茶杯各1个。

【方法】1. 冲泡：首先将适量的热水倒入壶中进行温杯，约匕分满即可，然后弃水不用，再将3克坦洋工夫茶叶从茶荷中拨入壶中，然后冲入90℃的水至七分满即可。

2. 品茶：静待片刻，即可将茶汤倒入茶杯中，入口后醇厚甘甜。

【 识茶、购茶、品茶 】

政和工夫（工夫红茶）

政和工夫茶为福建省三大工夫茶之一，亦为福建红茶中最具高山品种特色的条形茶。原产于福建北部，以政和县为主要的产区。政和工夫以大茶为主体，扬其毫多味浓之优点，又适当拼以高香之小茶，因此高级政和工夫体态匀称，毫心显露，香味俱佳。

产地 福建省政和县。

茶汤
香气：浓郁芬芳。
汤色：红艳明亮。
口感：醇厚甘爽。

干茶
外形：条索肥壮，乌黑油润。
气味：有一股颇似紫罗兰的香气。
手感：轻盈、质感较好。

叶底
红匀鲜亮。

功效

1. 利尿：政和工夫茶中的咖啡碱和芳香物质联合作用，能抑制肾小管对水的再吸收，可促成尿量增加。
2. 扩张血管：心脏病患者常饮此茶血管舒张度可从6%增加到10%。

冲泡

【茶具】盖碗、茶荷、茶杯各1个。
【方法】1. 温杯：将适量的热水倒入盖碗中进行温杯，弃水不用。
2. 冲泡：然后从茶荷中取3克左右的政和工夫茶叶，再冲入95℃左右的水至八分满即可。
3. 品茶：片刻后即可倒入杯中品饮，入口后滋味醇厚回甘。

白琳工夫（工夫红茶）

白琳工夫是福鼎工夫红茶，以主产地福建省福鼎白琳命名，以高超的纯手工制作技艺和独特、优秀的品质，在海内外享有盛名。白琳工夫曾与福安市"坦洋工夫"、政和县"政和工夫"并列为"闽红三大工夫茶"而驰名中外。白琳工夫传承久远，是福鼎极其宝贵的非物质文化遗产。

产地
福建省福鼎市。

干茶
外形： 细长弯曲，色泽黄黑。
气味： 鲜纯而带有毫香。
手感： 有颗粒绒球状，手感光滑。

茶汤
香气： 鲜纯沁心。
汤色： 浅亮艳丽。
口感： 味清鲜甜。

叶底
鲜红带黄。

功效
1. **提神消疲：** 白琳工夫茶中的咖啡碱可刺激大脑皮质的兴奋神经中枢，消除疲劳，使思维反应更加敏锐，记忆力增强。
2. **消炎杀菌：** 茶叶中的儿茶素类能与细菌结合，抑制和消灭病原菌。

冲泡
【茶具】茶壶、茶杯各1个。
【方法】1. 冲泡：取3克白琳工夫入茶壶中，然后再冲入95℃左右的水至七分满即可。
2. 品茶：3分钟后即可倒入茶杯中品饮，茶汤入口后味道清鲜而带有些许甜，能够令人心情愉悦。

【 识茶、购茶、品茶 】

荔枝红茶（调味茶）

荔枝红茶是广东名茶，是将新鲜荔枝烘成干果过程中，以工夫红茶（指贡茶，即高等红茶）为材料，低温长时间合并熏制而成。荔枝味道鲜美甘甜，口感软韧，是人们心目中的高级果品。荔枝红茶采用有机生态园种植的荔枝与工夫红茶合并熏制干燥而成。

产地
广东省、福建省一带。

茶汤
香气：香高持久。
汤色：浓红清澈。
口感：口味甘醇。

干茶
外形：紧细纤秀，乌褐油润。
气味：带有焦糖香与蜜糖香。
手感：油润光滑。

叶底
肥软红亮。

功效
1. **兴奋作用**：荔枝红茶中的咖啡碱能兴奋中枢神经系统，帮助人们消除疲劳，提高工作效率。
2. **利尿作用**：荔枝红茶中的咖啡碱和茶碱具有利尿作用，可辅助治疗水肿。

冲泡
【茶具】陶瓷茶壶、茶匙、茶荷、茶杯各1个。
【方法】1. 冲泡：用茶匙将3克荔枝红茶茶叶从茶荷中拨入茶壶中，而后冲入开水即可。
2. 品茶：只见茶叶徐徐伸展，汤色浓红清澈，有一股淡淡的荔枝香味，倒入茶杯中品饮，入口后甘甜爽滑，香气怡人。

第三章 红茶名品

英德红茶，简称"英红"，始创于1959年，由广东英德茶厂创制。英德红茶以云南大叶种和凤凰水仙茶为基础，选取一芽二叶、一芽三叶为原料，经过萎凋、揉切、发酵、烘干等工序制成，具有香高味浓的品质特色。英德红茶共分为叶、碎、片、末四种花色，以金毫茶为红茶之最。

英德红茶（工夫红茶）

产地 广东省英德市。

茶汤
香气：鲜纯浓郁。
汤色：红艳明亮。
口感：浓厚甜润。

干茶
外形：细嫩匀整，乌黑油润。
气味：带有茶叶固有的香气却不夹杂青腥气味或其他异味。
手感：叶片有锯齿，手感比较粗糙。

叶底
柔软红亮。

功效
1. **抗衰老作用**：茶叶中含有的抗氧化剂，能起到抵抗老化的作用。
2. **减肥作用**：茶叶中含有的茶碱和咖啡碱，能够活化蛋白质激酶和三酰甘油解脂酶，进而减少脂肪细胞堆积，达到减肥效果。

冲泡
【茶具】盖碗1个，茶杯数个。
【方法】1. **温杯**：将热水倒入盖碗中进行温杯，而后弃水不用。
2. **冲泡**：取3克英德红茶，再冲入95℃左右的水至七分满即可。
3. **品茶**：倒入茶杯中品饮，每次出汤后都要倒尽，之后每次冲泡加5~10秒钟，入口后浓厚甜润。

【 识茶、购茶、品茶 】

昭平红茶（红碎茶）

昭平红茶是广西壮族自治区昭平县有名的红茶新品种，经过不断完善红茶产品加工工艺研制而成，为广西茶叶的发展开辟了一条新路子。茶叶外形条索紧细、卷曲成螺，颗粒匀整紧实，色泽乌润金灿，汤色红艳明亮，杯沿金圈明艳；叶底红匀明亮，茶芽肥嫩匀整。

产地
广西壮族自治区昭平县。

干茶
外形：条索紧细，乌润金灿。
气味：清高持久。
手感：温润顺滑。

茶汤
香气：醇厚清香。
汤色：红艳明亮。
口感：醇香馥郁。

叶底
红匀明亮。

功效
1. **提神消疲**：昭平红茶中的咖啡碱可以刺激大脑皮质，兴奋神经中枢，达到提醒、集中思考力的功效。
2. **解毒**：昭平红茶中的茶多碱能吸附重金属和生物碱，达到解毒的功效。

冲泡
【茶具】玻璃杯、茶匙、茶荷各1个。
【方法】1. 温杯：将热水倒入玻璃杯中进行温杯，而后弃水。
2. 冲泡：用茶匙从茶荷中取5克昭平红茶入玻璃杯，冲入95℃的水至玻璃杯八分满即可。
3. 品茶：入口后醇香馥郁、甘醇爽滑，让茶汤在舌面上往返流动，品尝茶味和汤中香气后再咽下，回味无穷。

海红工夫（工夫红茶）

海红工夫为海南大叶种茶，主要产自海南省五指山和尖峰岭一带。海南大叶种是海南的产茶原料中极重要的一种，以其为原料，再经过一系列工艺加工而成的海红工夫也逐渐发展成为海南的重要茶种之一。茶叶外形条索粗壮紧结，色泽乌黑油润，内质汤色红亮，香气高而持久。

产地：海南省五指山和尖峰岭。

干茶
外形：粗壮紧结，乌黑油润。
气味：甜爽，具有蜜兰香味。
手感：匀整而平滑。

茶汤
香气：香高持久。
汤色：红艳明亮。
口感：浓强鲜爽。

叶底
红亮匀整。

功效

1. 抗衰老：海红工夫茶叶中含有的抗氧化剂，能起到抵抗老化的作用。
2. 杀菌：海红工夫茶叶中含有的儿茶素，能对引起疾病的部分细菌起到抑制作用，同时又不会伤害到肠内有益菌的繁衍，有调节肠胃、除菌整肠的作用。

冲泡

【茶具】盖碗、茶匙、品茗杯各1个。
【方法】1. 温杯：将热水倒入盖碗中进行温怀，而后弃水不用。
2. 冲泡：用茶匙取3克海红工夫到盖碗中，再冲入95℃左右的水至七分满即可。
3. 品茶：每次出汤都要倒尽，之后每次冲泡加5~10秒钟左右。入口后浓强鲜爽。

台湾日月潭红茶（工夫红茶）

台湾日月潭红茶，属全发酵茶。中国台湾省早在100年前即用本地种植的小叶种来制造红茶，其品质滋味不够香醇。

为改善台湾省红茶品质，台湾省于1925年自印度引进大叶种阿萨姆茶来台湾省日月潭地区种植，培育出日月潭红茶。

产地
中国台湾日月潭。

干茶
- **外形**：紧结匀整，紫色光泽。
- **气味**：带有花香、果香、麦芽香。
- **手感**：轻嫩中带有紧致感。

茶汤
- **香气**：清纯浓郁。
- **汤色**：澄清明亮。
- **口感**：醇和回甘。

叶底
肥嫩鲜活。

功效
1. **提神消疲**：台湾日月潭红茶中的咖啡碱可使思维反应敏锐，记忆力增强，达到消除疲劳的效果。
2. **养胃护胃**：台湾日月潭红茶经发酵烘制而成，对胃有保护作用。

冲泡
【茶具】陶瓷茶壶1个，茶杯数个。
【方法】
1. **温杯**：将热水倒入茶壶中进行温杯，而后弃水不用。
2. **冲泡**：取3克左右的日月潭红茶入壶中，再冲入开水至七分满即可。
3. **品茶**：片刻后倒入茶杯中即可品饮，入口后醇和回甘，浓强鲜爽。

蜜香红茶（红碎茶）

蜜香红茶，产于台湾省花莲县，是由茶业改良场台东分场研发，也是非常具有台湾代表茶品——白毫乌龙精神的红茶。和白毫乌龙颇有异曲同工之妙，蜜香红茶因茶树生长过程中，叶片遭小绿叶蝉叮咬后，遂而使之带有独特的果香和蜜香。因为没有喷洒农药，属纯天然绿色有机茶。

产地 中国台湾省花莲县。

干茶
外形：卷曲细长，乌褐润泽。
气味：带有独特的果香和蜜香。
手感：柔软。

茶汤
香气：茶香浓郁。
汤色：深如琥珀。
口感：醇厚甘甜。

叶底
柔软匀整。

功效

1. 消炎杀菌：蜜香红茶中的多酚类化合物具有消炎的效果，经实验发现，民间常用浓茶涂伤口、压疮和治疗足癣。
2. 抗癌：研究发现，蜜香红茶同绿茶一样，同样有很强的抗癌功效。

冲泡

【茶具】茶壶、盖碗、茶匙、茶荷各1个。
【方法】1. 温杯：将热水倒入茶壶中进行温杯，而后弃水不用。
2. 冲泡：用茶匙将3克左右的蜜香红茶茶叶从茶荷中拨入茶壶中，再冲入95℃左右的水即可。
3. 品茶：2分钟后即可将茶汤倒入盖碗中，入口后醇厚甘甜，浓厚香郁。

【 识茶、购茶、品茶 】

信阳红茶（红碎茶）

信阳红茶，是以信阳毛尖绿茶为原料，选取其一芽二叶、一芽三叶优质嫩芽为茶坯，经过萎凋、揉捻、发酵、干燥等九道工序加工而成的一种茶叶新品。信阳红茶属于新派红茶，具有"品类新、口味新、工艺新、原料新"的特点，其保健功效也逐渐受到人们重视。

产地 河南省信阳市。

茶汤
香气：醇厚持久。
汤色：红润透亮。
口感：绵甜厚重。

干茶
外形：紧细匀整，乌黑油润。
气味：带有"蜜糖香"的气味。
手感：柔软均匀。

叶底
嫩匀柔软。

功效

1. **提神作用**：茶叶中含有的咖啡碱可兴奋神经中枢，达到提神醒脑、提高注意力的作用。
2. **保护骨骼**：茶叶中含有的多酚类对骨质疏松症起到很好的辅助治疗作用。

冲泡

【茶具】盖碗、茶杯各1个。
【方法】1.冲泡：先将适量的热水倒入盖碗，进行温杯，而后弃水不用，取5克左右的信阳红茶投入盖碗中，而后冲入95℃左右的水至八分满，闷泡即可。
2.品茶：将盖碗中茶汤倾倒而出，置于茶杯中，入口后绵甜厚重。

峨眉山红茶（红碎茶）

峨眉山红茶是在绿茶的基础上以适宜的茶树新芽叶为原材料，经过凋萎、揉捻、发酵、干燥等过程精制而成。峨眉山红茶外形细紧，锋苗秀丽，棕褐油润，金毫显露，韵味悠扬，极其珍罕。且其具有健胃养胃的良好保健作用，日益被人们所重视。

产地 四川省峨眉山。

茶汤
香气：甜香浓郁。
汤色：汤色红亮。
口感：甘甜爽滑。

干茶
外形：金毫显露。
气味：清香高远。
手感：油润平滑。

叶底
红润明亮。

功效
1. **温胃养胃**：峨眉山红茶具有温胃养胃作用，可去油腻，助消化，是老少皆宜的纯天然保健品。
2. **改善血管功能**：峨眉山红茶能够改善人体的血管功能，对健康有明显益处。

冲泡
【茶具】紫砂壶、茶碗各1个，茶杯数个。
【方法】1. **温杯**：用适量的沸水冲入壶内，而后弃水不用。
2. **冲泡**：再取5克左右的峨眉山红茶茶叶，将其浸泡在茶壶的沸水中，茶水的比例约为1:50，冲泡3~5分钟。
3. **品茶**：然后将茶汤倒入茶杯，峨眉山红茶入口后甘甜爽滑，口感甚佳。

【 识茶、购茶、品茶 】

川红工夫（工夫红茶）

川红工夫是中国三大高香红茶之一，是20世纪50年代创制的工夫红茶。川红精选本土优秀茶树品种种植，以提采法甄选早春幼嫩饱满芽叶精制而成。顶级产品以金芽秀丽，香气馥郁，回味悠长为品质特征。川红之珍品"早白尖"更是以香气鲜嫩浓郁的品质特点获得了人们的高度赞誉。

产地：四川省宜宾市。

茶汤
- 香气：香气清鲜。
- 汤色：浓亮鲜丽。
- 口感：醇厚鲜爽。

干茶
- 外形：肥壮圆紧，乌黑油润。
- 气味：清幽中带有橘糖香。
- 手感：光滑。

叶底
厚软红匀。

功效

1. **舒张血管**：研究发现，心脏病患者每天喝4杯川红工夫红茶，血管舒张度可以从6%增加到10%。常人在受刺激后，则舒张度会增加13%。
2. **消炎杀菌**：川红工夫茶中的多酚类化合物具有消炎的效果。

冲泡

【茶具】透明茶壶、茶匙、茶荷、品茗杯各1个。
【方法】1. **冲泡**：将热水倒入茶壶中进行温杯，而后弃水不用，用茶匙将3克川红工夫茶叶从茶荷中拨入茶壶中，再冲入90℃左右的水即可。
2. **品茶**：见茶叶徐徐伸展，汤色浓亮，香气清鲜，叶底厚软红匀，静待3分钟后倒入品茗杯中品饮，入口后醇厚鲜爽。

金丝红茶（红碎茶）

人们普遍认为金丝红茶在红茶中是属上乘的一种，又称金芽茶，是生长在云南高原地区。叶大而又有韧性，此茶大部分产于云南的高原地区，而且多含芽香油，是红茶之中带有独特香气的一种，滋味十分浓厚，香气十足，耐泡是其一大特色。

产地 云南省高原地区。

茶汤
香气：馥郁清高。
汤色：清澈透明。
口感：浓厚甘醇。

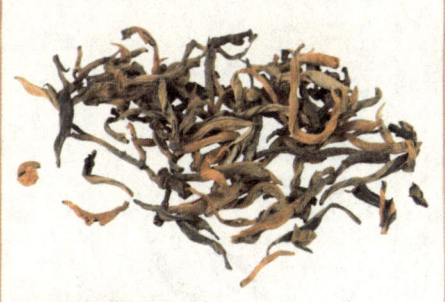

干茶
外形：条索紧结，乌润红褐。
气味：浓厚而且丰盈。
手感：粗糙不平。

叶底
粗大尚红。

功效
1. **杀菌消炎**：金丝红茶中含有大量的多酚类化合物，而这一类的化合物对于人体具有杀菌消炎功效。
2. **益神提思**：金丝红茶中含有咖啡碱，可提升人的注意力，帮助消除疲劳。

冲泡
【茶具】白瓷茶碗、品茗杯各1个。
【方法】1. 洗茶：把白瓷茶碗烫温，放入适量金丝红茶茶叶，先简单滤洗一遍。
2. 冲泡：滤洗一遍后，把沸水冲入到茶碗中。
3. 品茶：2分钟后倒入品茗杯中即可品饮，入口后茶汤浓稠，鲜美。

遵义红茶（工夫红茶）

遵义红茶产于贵州省遵义市，属低纬度高海拔的亚热带季风湿润气候，土壤中含有锌等对人体有益的大量微量元素，是遵义红茶香高味浓的优良品质之源。由于红茶在加工过程中发生了以茶多酚促氧化为中心的化学反应，使红茶具有红茶、红叶、红汤的特征。

产地
贵州省遵义市。

干茶

外形：紧实细长，金毫显露。
气味：纯正悠远。
手感：紧实。

茶汤
香气：鲜甜爽口。
汤色：金黄清澈。
口感：喉润悠长。

叶底

呈金针状。

功效
1. 抑菌：遵义红茶具有暖胃、抗感冒和抑菌的作用。
2. 清理肠胃：遵义红茶能够去油解腻，促进消化，对于消化积食，清理肠胃有着十分显著的效果。

冲泡
【茶具】瓷壶、茶杯各1个。
【方法】1. 冲泡：将遵义红茶投入壶中，采用高冲的方法让茶叶在热水的激荡下充分地浸润，以利于色、香、味的充分发挥，然后将其稍微闷泡一下，倒入茶杯中。
2. 品茶：缓啜一口遵义红茶，醇而不腻，爽滑润喉，回味隽永，能够明显感觉到茶的鲜甜。

【 第三章 红茶名品 】

黔红工夫（工夫红茶）

黔红工夫是中国红茶的后起之秀，发源于贵州省湄潭县，于20世纪50年代兴盛，其原料源于茶场的大叶型品种、中叶型品种和地方群体品种。虽然目前黔红茶中以红碎茶的市场份额最大，但是，黔红工夫依然占据重要的地位，其上品茶的鲜爽度和香味甚至可以和优质的锡兰红茶相媲美。

产地 贵州省遵义市湄潭县。

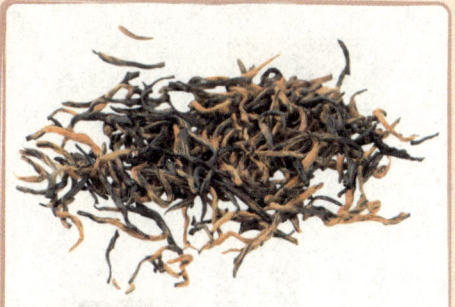

干茶
外形：肥壮匀整。
气味：浓厚的蜜糖香。
手感：轻盈匀嫩。

茶汤
香气：清高悠长。
汤色：红艳明亮。
口感：甜醇鲜爽。

叶底
红艳明亮。

功效

1. 抗衰老：黔红工夫茶叶中含有的抗氧化剂，能起到抵抗老化的作用，对保护皮肤、抚平细纹等都有很好的功效，因此常饮有益。
2. 杀菌：黔红工夫茶叶所含儿茶素能对引起疾病的部分细菌起抑制作用。

冲泡

【茶具】盖碗、茶匙、茶荷各1个。
【方法】1. 温杯：将热水倒入盖碗中进行温杯，而后弃水不用。
2. 冲泡：用茶匙将3克黔红工夫茶叶从茶荷中拨入茶壶中，用开水冲泡。
3. 品茶：片刻后汤色红艳明亮，香气清高悠长，叶底红艳明亮，此茶入口后甜醇鲜爽。

【识茶、购茶、品茶】

滇红工夫（工夫红茶）

滇红工夫茶创制于1939年，产于滇西南，属大叶种类型的工夫茶，是中国工夫红茶的新葩，以外形肥硕紧实、金毫显露和香高味浓的品质独树一帜，著称于世。尤以茶叶的多酚类化合物、生物碱等成分含量，居于中国茶叶之首。

产地 云南省临沧市。

茶汤
香气：高醇持久。
汤色：红浓透明。
口感：浓厚鲜爽。

干茶
外形：紧直肥壮，暗红油润。
气味：气味馥郁。
手感：油润光滑。

叶底
红匀明亮。

功效

1. 利尿：在滇红工夫茶中的咖啡碱和芳香物质联合作用下，可促成尿量增加，有利于排尿和缓解水肿。
2. 消炎：滇红工夫茶中的多酚类化合物具有良好的消炎效果。

冲泡

【茶具】茶壶、茶匙、茶荷、茶杯各1个。
【方法】1. 冲泡：将热水倒入茶壶中进行温杯，而后弃水不用，用茶匙将3克滇红工夫茶叶从茶荷中拨入茶壶中，再冲入开水即可。
2. 品茶：片刻后即可出汤，将茶汤倒入茶杯中品饮，此茶入口后滋味浓厚鲜爽。

第四章

黄茶名品

黄茶的名称由来：人们从炒青绿茶中发现，由于杀青、揉捻后干燥不足或不及时，叶色即变黄，于是产生了新的茶类——黄茶。

黄茶是轻度发酵茶，根据茶叶的嫩度和大小分为黄芽茶、黄大茶和黄小茶。主要产自安徽、湖南、四川、浙江等省，较有名的黄茶品种有莫干黄芽、霍山黄芽、君山银针、北港毛尖等。

识茶、购茶、品茶

黄茶的分类

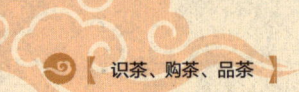

【黄芽茶】

黄芽茶是黄茶中的佼佼者,要求芽叶要"细嫩、新鲜、匀齐、纯净"。黄芽茶的茶芽最细嫩,是采摘春季萌发的单芽或幼嫩的一芽一叶,再经过加工制成的,幼芽色黄而多白毫,故名黄芽,香味鲜醇。

最有名的黄芽茶品种有君山银针、蒙顶黄芽和霍山黄芽。

【黄小芽】

黄小芽对茶芽的要求不及黄芽茶的细嫩,但也秉承了"细嫩、新鲜、匀齐、纯净"的原则,采摘较为细嫩的芽叶进行加工,一芽一叶,条索细小。

黄小茶目前在国内的产量不大,主要品种有北港毛尖、沩山毛尖、远安鹿苑和平阳黄汤。

【黄大芽】

黄大芽创制于明代隆庆年间,距今已有四百多年历史,是中国黄茶中产量最多的一类。黄大茶对茶芽的采摘要求也较宽松,其鲜叶采摘要求大枝大杆,一般为一芽四五叶,长度为10~13厘米。

黄茶的冲泡

【茶具选用】

冲泡黄茶时的茶具选用与其他茶种相似,可以选择玻璃杯或者茶碗进行冲泡。选择玻璃杯更适合欣赏茶叶在冲泡过程中的景观,而选择茶碗则对冲泡工艺更讲究,更适合用于品尝茶汤的滋味。

【水温控制】

冲泡黄茶的水温控制在90℃左右,可以更好地让黄茶溶于水中。

【置茶量】

冲泡黄茶时的置茶量通常宜控制在所选茶具的四分之一左右,而茶水比例以1:5为宜,这样冲泡出来的茶汤既不会太浓,也不至于太淡,品饮的滋味更好。当然,具体的置茶量也可以根据个人喜好的口感进行适度调整。

【冲泡方法】

相比绿茶、乌龙茶,黄茶的冲泡方法较为简单,步骤也简单,操作起来更便捷。

第一种是传统的黄茶冲泡方法。先清洁茶具,安置茶量放入茶叶,再按茶水比例先倒入一半的水,浸泡黄茶叶约一分钟,再倒入另一半水。冲泡的时候提高水壶,让水自高而下冲,反复提举三次,有利于提高茶汤的品质。

第二种是简易的黄茶冲泡方法。取玻璃杯或白瓷杯,根据个人口味放入适量茶叶,冲入冷却至90℃的少量沸水,泡30秒,再冲水至八分满,静置2~3分钟后即可饮用。一次茶叶最多可冲泡三四次茶汤。

【冲泡时间】

通常,黄茶第一泡的冲泡时间宜控制在3秒左右,但第一泡的茶水应倒掉,为了去除黄茶中的杂质,接着再继续冲泡,时间可适当增加至5秒,但也不宜将茶叶泡太久,否则丢失了茶的香味。

【适时续水】

在每次茶汤剩下三分之一的时候,即可续水,水温以90℃为宜,这样能使每次冲泡的黄茶茶汤口感都好。大概冲泡四五次之后,如果茶味变淡,即可弃茶不用。

黄茶的贮藏

黄茶跟绿茶相比,其陈化变质的过程较慢,因此贮藏起来较方便,也更易贮藏。家庭贮藏黄茶,一般可以先将其放入干燥、无异味的容器内,尽量隔绝空气,再加盖密封,还要注意避免阳光照射、远离高温,同时,不与容易串味的物品放在一起,这样便可较长时间保证黄茶的品质。

莫干黄芽（黄芽茶）

莫干黄芽，又名横岭1号。为浙江省第一批省级名茶之一。这里常年云雾笼罩，空气湿润；土质多酸性灰、黄壤，腐殖质丰富，为茶叶的生长提供了优越的环境。此茶属莫干云雾茶的上品，其品质特点是"黄叶黄汤"，这种黄色是制茶过程中进行闷堆渥黄的结果。

产地
浙江省德清县。

干茶
外形：细如雀舌，黄嫩油润。
气味：清爽嫩香。
手感：细嫩光滑。

茶汤
香气：清鲜幽雅。
汤色：橙黄明亮。
口感：鲜美醇爽。

叶底
细嫩成朵。

功效
1. **祛除胃热**：黄茶性微寒，适合于胃热者饮用。莫干黄芽茶中的消化酶，有助于缓解消化不良、食欲不振。
2. **预防食道癌**：莫干黄芽茶中的可溶性糖等，对防治食管癌有明显功效。

冲泡
【茶具】白瓷盖碗、茶匙、茶荷、茶杯各1个。
【方法】1. 温杯：将热水倒入盖碗进行温杯，而后弃水不用。
2. 冲泡：用茶匙将3克左右的莫干黄茶茶叶从茶荷中拨入盖碗中，再冲入开水。
3. 品茶：2分钟后即可出汤倒入茶杯中品饮，莫干黄芽茶汤入口后滋味醇爽，而且带有清鲜的香气。

霍山黄芽（黄芽茶）

霍山黄芽产于安徽霍山大花坪金子山、漫水河金竹坪、上土市九宫山、单龙寺、磨子潭、胡家河等地。霍山黄芽源于唐朝之前。唐李肇《国史补》曾把寿州霍山黄芽列为十四品目贡品名茶之一。霍山黄芽为不发酵自然茶，保留了鲜叶中的天然物质，富含茶多酚、维生素等多种有益成分。

产地 安徽省霍山县。

干茶
- 外形：形似雀舌，嫩绿披毫。
- 气味：清香持久。
- 手感：鲜嫩柔软。

茶汤
- 香气：茶香浓郁。
- 汤色：黄绿清澈。
- 口感：鲜醇浓厚。

叶底
嫩黄明亮。

功效
1. 降脂减肥：黄芽茶中的茶多酚可降低血脂，起到减肥降脂的作用。
2. 增强免疫力：此茶可提高白细胞、淋巴细胞的数量和活性，促进脾脏细胞中白细胞间素的形成，从而增强人体免疫力。

冲泡
【茶具】玻璃杯、茶匙、茶荷各1个。
【方法】1. 冲泡：用茶匙将4克霍山黄芽茶叶从茶荷中拨入到玻璃杯中，冲入80℃左右的水冲泡即可。
2. 品茶：片刻后，只见汤色黄绿清澈，香气清香持久，叶底嫩黄明亮，即可品饮。

蒙顶黄芽（黄芽茶）

蒙顶黄芽，属黄茶，为黄茶之极品。20世纪50年代，蒙顶茶以黄芽为主，近来多产甘露，黄芽仍有生产。采摘于春分时节，茶树上有10%的芽头鳞片展开，即可开园采摘。选圆肥单芽和一芽一叶初展的芽头，经复杂制作工艺，制成茶芽条匀整，扁平挺直。

产地
四川省雅安市名山区蒙顶山。

干茶
外形：扁平挺直，色泽黄润。
气味：甜香怡人。
手感：光滑平直。

茶汤
香气：甜香鲜嫩。
汤色：黄中透碧。
口感：甘醇鲜爽。

叶底
全芽嫩黄。

功效
1. 护齿明目：黄芽茶叶含氟量较高，常饮此茶对护牙坚齿、防龋齿等有明显作用。
2. 抗衰老：蒙顶黄芽中含有丰富的维生素C和类黄酮，能抗氧化、抗衰老。

冲泡
【茶具】玻璃杯1个，茶匙1个。
【方法】1. 冲泡：用茶匙将3克蒙顶黄芽茶叶拨入玻璃杯中，冲入85℃左右的水冲泡即可。
2. 品茶：泡好的蒙顶黄芽汤色黄中透碧，香气甜香鲜嫩，叶底全芽嫩黄，品饮后甘醇鲜爽。

北港毛尖（黄小芽）

北港毛尖是条形黄茶的一种，在唐代有记载，清代乾隆年间已有名气。茶区气候温和，雨量充沛，形成了北港茶园得天独厚的自然环境。北港毛尖鲜叶一般在清明后五六天开园采摘，要求一号毛尖原料为一芽一叶，二号、三号毛尖为一芽二、三叶。于1964年被评为湖南省优质名茶。

产地
湖南省岳阳市北港。

茶汤
香气：香气清高。
汤色：汤色橙黄。
口感：甘甜醇厚。

干茶
外形：芽壮叶肥，呈金黄色。
气味：新茶的茶香较为明显。
手感：平扁光滑。

叶底
嫩黄似朵。

功效
1. **抗御辐射**：北港毛尖含有防辐射的有效成分，包括茶多酚类化合物、脂多糖、维生素等，能够达到抗辐射效果。
2. **抗衰老**：北港毛尖茶中含有维生素C和类黄酮，能有效抗氧化和抗衰老。

冲泡
【茶具】玻璃杯、茶匙、茶荷各1个。
【方法】1. **冲泡**：用适量开水温杯，而后弃水不用，然后再用茶匙将5克左右的北港毛尖茶叶从茶荷中拨入玻璃杯中，而后冲入85℃左右的水冲泡即可。
2. **品茶**：冲泡后，等待2分钟左右，只见汤色橙黄，香气清高，叶底嫩黄似朵，入口后滋味醇厚。

【 识茶、购茶、品茶 】

沩山毛尖（黄小芽）

沩山毛尖产于湖南省宁乡市，历史悠久。1941年《宁乡县志》载："沩山茶雨前采制，香嫩清醇，不让武夷、龙井。商品销甘肃、新疆等省区，久获厚利，密印寺院内数株味尤佳。"沩山毛尖制作分杀青、焖黄、轻揉、烘焙、拣剔、熏烟等六道工序。

产地
湖南省宁乡市。

干茶
外形：叶缘微卷，肥硕多毫，黄亮油润。
气味：有特殊的松烟香。
手感：温润。

茶汤
香气：芬芳浓厚。
汤色：橙黄明亮。
口感：醇甜爽口。

叶底
黄亮嫩匀。

功效
1. **抗御辐射**：沩山毛尖茶中含有茶多酚类化合物和脂多糖，能够起到抗氧化作用。
2. **护齿明目**：此茶含氟量较高，能起到护齿明目的作用。

冲泡
【茶具】茶壶、茶匙、茶荷各1个，茶杯数个。
【方法】1. 冲泡：用茶匙将3克左右的沩山毛尖茶叶从茶荷中拨入茶壶中，然后倒入开水冲泡。
2. 品茶：等待2分钟左右，可以闻到冲泡后的茶香芬芳，将其倒入茶杯中即可品用，入口后醇甜爽口，令人回味无穷。

第五章 白茶名品

白茶属于轻微发酵茶，外观呈白色，因其成品茶多为芽头，满披白毫，如银似雪而得名，是我国茶类中的特殊珍品。

白茶的制作工序包括萎凋、烘焙（或阴干）、拣剔、复火等工序。萎凋是形成白茶品质的关键工序。但现代白茶的制作工序一般只有萎凋、干燥两道工序。白茶主要产于福建省的福鼎、政和、建阳等地，著名的品种有白牡丹、寿眉等。

白茶 的分类

【白芽茶】

白芽茶的外形芽毫完整，满身披毫，属于轻微发酵茶，主要产自福建福鼎、政和两地，其典型代表有白毫银针。

【白叶茶】

白叶茶的特别之处则在于其自身带有的特殊花蕾香气，典型代表有白牡丹、贡眉、寿眉等。

白茶 的冲泡

【茶具选用】

白茶的冲泡较自由，可选用的茶具较多，有玻璃杯、盖碗、茶壶、瓷壶等。

【水温控制】

通常，冲泡白茶时选择90℃左右的开水来温杯、洗茶、泡茶。

【置茶量】

小容器冲泡，置茶量为5~10克；如果用较大容器冲泡，则置茶量为10~15克。

【冲泡方法】

白茶的冲泡方法可分为杯泡法、盖碗法、壶泡法、大壶法、煮饮法五种。

1. 杯泡法

取透明玻璃杯一个，放入适量白茶，先注入少许90℃水洗茶温润，再注入剩余开水至玻璃杯八分满，稍温泡几秒即可品饮，可根据个人口感自由掌握置茶量。

2.盖碗法

取盖碗一个,入白茶洗茶,再注入开水至溢出盖碗,静置30~45秒后即可出汤。

3.壶泡法

取紫砂壶一个,入白茶洗茶,再注入开水洗茶,再注入剩余开水至八分满即可。

4.大壶法

取大瓷壶一个,放入10~15克白茶茶叶,直接注入90℃水冲泡茶叶,稍静置40秒即可倒出茶汤品饮。

5.煮饮法

取煮水锅一个,倒入适量清水,再投入10克左右的白茶茶叶,小火煮3分钟左右至出浓茶汤,即可出汤,待凉至70℃即可品饮。

【冲泡时间】

白茶较耐冲泡,一般在冲泡入沸水40秒后,即可出汤品饮,具体可根据个人喜好,稍快或稍慢出汤。

【适时续水】

如果使用壶泡法,将茶汤倒入小杯中饮用,在每一泡茶壶出汤后,即可续水;如果使用茶杯冲泡,即可在杯中茶汤剩下三分之一时进行续水。

白茶的贮藏

要选择干燥、低温、避光的地方贮藏白茶,常见的方式有以下两种。

【冰箱储藏法】

将白茶用塑料袋或者陶瓷罐、铁罐装起来,进行密封,之后将茶叶贮藏在冰箱冷藏库内,贮藏温度最好为5℃,这样可以避免阳光折射,且符合低温的条件。

【生石灰储藏法】

将白茶茶叶用纸装起来,放入容器内,再将生石灰用布袋包好,置于容器中,与茶叶同放,再将容器进行密封处理,且远离异味即可。

【 识茶、购茶、品茶 】

白牡丹（白叶茶）

白牡丹，产于福建政和、建阳、福鼎、松溪等县，是中国福建历史名茶。采用福鼎大白茶、福鼎大毫茶为原料，经过传统工艺加工而成。白茶主要品种有白牡丹、白毫银针。因其形似花朵，冲泡后绿叶托着嫩芽，宛如蓓蕾初放，故得美名白牡丹茶。

产地
福建省政和、建阳、福鼎、松溪等县。

茶汤
香气：毫香浓显。
汤色：杏黄明净。
口感：鲜爽清甜。

干茶
外形：叶张肥嫩。
气味：毫香鲜嫩持久。
手感：肥壮，触碰时有茸毛感。

叶底
叶底浅灰。

功效
1. **防辐射**：白牡丹茶中有防辐射物质，能减少辐射对人体的危害。
2. **明目**：白牡丹茶中还含有丰富的维生素A原，它被人体吸收后，能迅速转化为维生素A，可预防夜盲症与眼干燥症。

冲泡
【茶具】玻璃杯、茶匙、茶荷各1个。
【方法】1. **温杯**：将热水倒入玻璃杯中进行温杯，而后弃水不用。
2. **冲泡**：用茶匙将5克左右的茶叶从茶荷中拨入玻璃杯中，再冲入90℃左右的水冲泡即可。
3. **品茶**：片刻后即可品饮，茶汤入口后醇厚清甜，尤其适合夏季消暑的时候饮用。

白毫银针（白芽茶）

白毫银针，简称银针，又叫白毫，产于福建省福鼎市政和县。素有茶中"美女""茶王"之美称。由于鲜叶原料全部是茶芽，白毫银针制成成品茶后，形状似针，白毫密被，色白如银，因此命名为白毫银针。冲泡后，香气清鲜，滋味醇和，杯中的景观也使人情趣横生。

产地 福建省福鼎市。

干茶
外形：茶芽肥壮。
气味：清鲜温和。
手感：肥嫩光滑。

茶汤
香气：毫香浓郁。
汤色：清澈晶亮。
口感：甘醇清鲜。

叶底
黄绿嫩匀。

功效

1. 治麻疹：白毫银针防暑、解毒、治牙痛，尤其是陈年的白毫银针茶可用作患麻疹的幼儿的退烧药，其退烧效果比抗生素更好。
2. 促进血糖平衡：白毫银针茶中含有人体所必需活性酶，能促进血糖平衡。

冲泡

【茶具】透明玻璃杯、茶匙、茶荷各1个。
【方法】1. 温杯：将热水倒入玻璃杯中进行温杯，而后弃水不用。
2. 冲泡：用茶匙将5克左右的白毫银针茶叶从茶荷中拨入玻璃杯中，而后冲入90℃左右的水冲泡即可。
3. 品茶：稍等片刻后即可品饮，入口后滋味甘醇清鲜，品尝的时候还能闻到浓郁的茶香。

贡眉（白叶茶）

贡眉，有时称作寿眉，产于福建建阳县。用茶芽叶制成的毛茶称为"小白"，以区别于福鼎大白茶、政和大白茶茶树芽叶制成的"大白"毛茶。茶芽曾用以制造白毫银针，其后改用大白制白毫银针和白牡丹，而小白则用以制造贡眉。一般以贡眉表示上品，质量优于寿眉。

产地：福建省建阳县。

干茶
- **外形**：形似扁眉。
- **气味**：气味鲜纯。
- **手感**：扁薄滑腻。

茶汤
- **香气**：香高清鲜。
- **汤色**：绿而清澈。
- **口感**：醇厚爽口。

叶底
嫩匀明亮。

功效
1. **明目**：贡眉茶中还含有丰富的维生素A原，可预防夜盲症与眼干燥症。
2. **防辐射**：贡眉茶还有防辐射物质，对人体的造血机能有显著的保护作用，能减少电离辐射的危害。

冲泡
【茶具】玻璃杯1个。
【方法】1．冲泡：贡眉茶放入玻璃杯中，然后往杯中冲入90℃左右的水即可。
2．品茶：只见茶叶徐徐伸展，汤色绿而清澈，香气香高清鲜，叶底嫩匀明亮，片刻后即可品饮。

月光白（白叶茶）

月光白，又名月光美人，它的形状奇异，一芽一叶，一面白，一面黑，表面绒白，叶芽显毫白亮，看上去犹如一轮弯弯的月亮，就像月光照在茶芽上，故此得名。月光白采用普洱古茶树的芽叶制作，因其采摘手法独特，且制作的工艺流程秘而不宣，因此更增添了几分神秘色彩。

产地 云南省思茅地区。

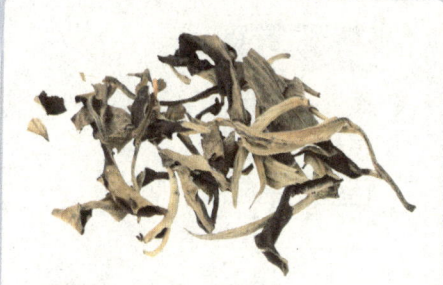

干茶
外形：弯弯如月，茶绒纤纤。
气味：强烈的花果香。
手感：温润饱满。

茶汤
香气：馥郁缠绵，脱俗飘逸。
汤色：金黄透亮。
口感：醇厚饱满，香醇温润。

叶底
黄绿嫩匀。

功效

1. 护肤：茶叶中含有的醇酸，能起到去除死皮的作用，促使新细胞更快到达皮肤表层，有护肤作用。
2. 减肥：茶叶中含有茶多酚类化合物，能起到一定的减肥功效。

冲泡

【茶具】紫砂壶、茶匙、茶荷各1个，茶杯数个。
【方法】1. 冲泡：用茶匙从茶荷中取月光白茶叶3克投入紫砂壶中，往壶中快速倒入90℃左右的水，至七分满即可。
2. 品茶：只见茶叶徐徐伸展，汤色金黄透亮，香气馥郁缠绵，脱俗飘逸，叶底红褐匀整，倒入茶杯中品饮，入口后醇厚饱满，香醇温润。

福鼎白茶（白叶茶）

福建是白茶之乡，而以福鼎白茶品质最佳最优，通过采摘最优质的茶芽，再经过一系列精制工艺而制成。福鼎白茶有一特殊功效，就是可以缓解和解决部分人群因为饮用红酒上火的难题。

产地 福建省福鼎市。

干茶
- **外形**：分支浓密。
- **气味**：气味清而纯。
- **手感**：薄嫩轻巧。

茶汤
- **香气**：香味醇正。
- **汤色**：杏黄清透。
- **口感**：回味甘甜。

叶底
叶底薄嫩。

功效

1. **清热降火**：福鼎白茶性凉，能有效消暑解热，降火祛火，具有治病功效。
2. **美容养颜**：福鼎白茶中的自由基含量较低，多饮此茶或者与此茶相关的提取物，可美容养颜，俗称它为"女人茶"。

冲泡

【茶具】玻璃杯1只。
【方法】1．冲泡：取4克左右福鼎白茶用沸水洗一遍，在玻璃杯内倒入沸水，闷泡5分钟。
2．品茶：茶中茶叶温润，汤色莹润婉和，茶汤浓淡均匀，白茶的每一口都让人有清新的口感，适合小口品饮，夏季可选择冰镇后饮用，口感更佳，清热解暑效果更佳。

第六章 黑茶名品

　　黑茶属于后发酵茶，由于采用的原料粗老，在加工制作过程中堆积发酵的时间也比较长，因此叶色多呈现暗褐色，故称为黑茶。

　　黑茶是最紧压茶的原料，因此也被称为紧压茶。黑茶是我国特有的茶叶品种，需要经过杀青、揉捻、渥堆、复揉和烘焙五道工序。在地域分布上，黑茶的产地有我国的湖南、四川、云南、广西等地区，品种主要有湖南黑茶、四川黑茶、云南普洱茶等。

黑茶的分类

【湖南黑茶】
湖南黑茶专指产自湖南的黑茶，包括安化黑茶等。

【湖北老青茶】
湖北老青茶是以老青茶为原料，蒸压成砖形的黑茶，包括蒲圻老青茶等。

【四川边茶】
四川边茶又分南路边茶和西路边茶两种，其成品茶品质优良，经熬耐泡。

【滇桂黑茶】
滇桂黑茶专指生产于云南和广西的黑茶，属于特种黑茶，香味以陈为贵，包括普洱茶、六堡茶等。

黑茶的冲泡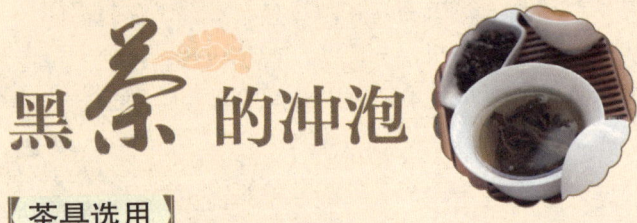

【茶具选用】
传统冲泡黑茶一般选用煮水锅或者陶瓷杯、紫砂杯进行冲泡，有时也会采用盖碗直接饮用或倒入小杯中品饮。

【水温控制】
因为黑茶的茶叶较老，在水温方面，一定要使用100℃的沸水进行冲泡，才能保证黑茶出汤后的茶汤品质。

【置茶量】
黑茶出汤色泽较显红褐或黑褐色，置茶量可以控制在10~15克左右，也可以根据个人喜好调整。

【冲泡方法】

黑茶的冲泡方法有多种。主要有以下几种：

1. 煮饮法

取煮水锅一个，倒入约500毫升水，待大火煮沸，即可投入10~15克黑茶，至锅中水滚沸后，改小火再煮2分钟，即可关火，过滤去掉茶渣，取清澈茶汤品饮。在少数民族地区有时也会加点盐或奶与茶汤混合，制成颇具特色的奶茶。

2. 盖碗法

使用工夫茶茶具冲泡，也是黑茶常用的冲泡方法。

取盖碗一个，投入15克黑茶，再按茶水1:40的比例，倒入100℃沸水冲泡，稍闷泡，使黑茶的茶味完全泡出，即可将茶汤倒入小杯中品饮。

3. 杯泡法

取紫砂杯或陶瓷杯一个，投入5克黑茶，再按茶水1:40的比例，倒入100℃沸水冲泡，因黑茶较老，因此泡茶时间可较长，静置2~3分钟再倒出茶汤饮用即可。

【冲泡时间】

因黑茶的发酵时间较长，因此成品茶叶较老，在冲泡过程中可以闷泡稍长时间再出汤，每次大约闷泡2~3分钟后品饮也可。

【适时续水】

使用杯泡法冲泡黑茶时，可以在茶汤剩下三分之一时续水，以保持茶汤品质。使用煮饮法一般是将锅中黑茶饮尽后，若想再饮茶，则重新注水煮沸，按煮饮法步骤续水即可。

黑茶的贮藏

黑茶在贮藏过程中不可直接接受日晒，应放置于阴凉的地方，以免茶品急速氧化。同时，贮藏的位置应通风，且不与有异味的物品存放在一起，以避免茶叶霉变、变味，加速茶体的湿热氧化过程。

黑茶不宜用塑料袋密封，可使用牛皮纸等通透性较好的包装材料进行包装。

【 识茶、购茶、品茶 】

茯砖茶（湖南黑茶）

茯砖茶属六大茶类中的黑茶类的一个最具特色的黑茶产品，茯砖茶约在1368年问世，采用湖南、陕南、四川等茶为原料，手工筑制，因原料送到泾阳筑制，称"泾阳砖"；因在伏天加工，故称"伏茶"。目前生产的茯砖茶，分特制和普通两个品种，其区别在于原料的拼配不同。

产地 湖南省安化县。

干茶

外形：长方砖形。
气味：纯正悠远。
手感：粗老。

茶汤

香气：香气纯正。
汤色：红黄明亮。
口感：醇和香浓。

叶底

黑褐粗老。

功效

1. 降血糖：茯砖茶中含有的茶多糖通过抗氧化作用可有效降低血糖。
2. 降血脂：茶叶中的茶多糖能与脂蛋白酶结合，促进动脉壁脂蛋白酶而起到抗动脉粥样硬化、降血脂的作用。

冲泡

【茶具】紫砂壶、茶匙、茶荷、品茗杯各1个。
【方法】1. 温杯：将热水倒入紫砂壶中进行温壶，再倒入品茗杯中进行温杯，而后弃水不用。
2. 冲泡：用茶匙将茶叶从茶荷中拨入紫砂壶中，冲入开水，冲泡8~10分钟，倒入品茗杯中。
3. 品茶：入口后，滋味醇和无涩味，回甘十分明显。

【 第六章 黑茶名品 】

湖南千两茶是20世纪50年代绝产的传统商品，产于湖南省安化县。"千两茶"是安化的一个传统名茶，以每卷（支）的茶叶净含量合老秤一千两而得名，因其外表的篾篓包装呈花格状，故又名花卷茶。

有"茶文化的经典，茶叶历史的浓缩，茶中的极品"之称。

湖南千两茶（湖南黑茶）

产地 湖南省安化县。

茶汤
香气：醇厚高香。
汤色：黄褐油亮。
口感：甜润醇厚。

干茶
外形：呈圆柱形。
气味：高香并且持久。
手感：嫩匀密致。

叶底
黑褐嫩匀。

功效

1. **降血糖**：湖南千两茶中含有丰富的茶多糖，可有效降低血糖。
2. **减肥瘦身**：茶中的多酚类及其氧化产物能溶解脂肪，促进脂类物质排出，故被称为"瘦身茶""美容茶"。

冲泡

【茶具】紫砂壶、茶匙、茶荷、品茗杯等各1个。
【方法】1. 冲泡：用茶匙将茶叶从茶荷中拨入紫砂壶中，冲入沸水，冲泡2~3分钟，倒入品茗杯中。
2. 品茶：香气纯正或带有松烟香，汤色橙黄、滋味醇厚，充分均匀茶汤后，倒入品茗杯中，入口后，滋味醇浓回味高香持久。

天尖茶（湖南黑茶）

湖南安化是我国黑茶的发祥地，历史上湖南安化黑茶系列产品有"三尖"之说："天尖、生尖、贡尖。"天尖黑茶地位最高，茶等级最高，明清时就定为皇家贡品，专供皇室家族品用，故名"天尖"，为众多湖南安化黑茶之首。

产地
湖南省安化县。

茶汤
香气：清香持久。
汤色：橙黄明亮。
口感：醇厚爽口。

干茶
外形：条索紧结。
气味：醇和带松烟香。
手感：嫩度较好。

叶底
黄褐尚嫩。

功效
1. **减肥**：天尖茶在发酵过程中产生一种普诺尔成分，有防止脂肪堆积作用。
2. **杀菌、消炎**：天尖茶汤色的主要组成成分是茶黄素和茶红素。研究表明，茶黄素对流感病毒的侵袭和轮状病毒及肠病毒的感染有抑制作用。

冲泡
【茶具】厚壁紫砂壶、茶匙、茶荷、茶杯各1个。
【方法】1.**冲泡**：用茶匙将天尖茶叶从茶荷中拨入紫砂壶中，倒入开水，冲泡时间为1~2分钟。
2.**品茶**：茶汤醇和带松烟香，色泽乌黑油润，将其倒入茶杯中，入口后口感醇和，不苦不涩，醇和而有回甘，口齿生津。

花砖茶（湖南黑茶）

花砖茶，历史上又叫"花卷"，又有别名"千两茶"，因一卷茶净重合老秤1000两。一般规格均为35×18×3.5厘米。

花砖茶的做工精细、品质优良。因为砖面的四边都有花纹，所以为了区别于其他砖茶，取名"花砖"。

产地　湖南省安化县高家溪和马家溪。

茶汤
香气：香气纯正。
汤色：红黄。
口感：浓厚微涩。

干茶
外形：砖面平整。
气味：纯正，微香。
手感：乌润光滑。

叶底
老嫩匀称。

功效

1. **消炎**：花砖茶的内质香气纯正，茶汤不易发生馊变，具有消炎作用。
2. **止咳、助消化**：花砖茶除能够帮助消化外，还具有治咳嗽和治腹泻的作用。同时腹胀时亦可饮用，疗效显著。

冲泡

【茶具】温壶、品茗杯各1个。
【方法】1.冲泡：将90℃的水倒入壶中，冲泡花砖茶约2分钟。
2.品茶：气味微香中掺杂一丝微涩，将其倒入品茗杯中，喝茶前先闻气味然后抿一口，将茶水置于舌根底部，停留约3~5秒，便可以尝到真正的"回韵"，令人神清气爽。

黑毛茶（湖南黑茶）

黑毛茶，是指没有经过压制的黑茶，一般经过杀青、初揉、渥堆、复揉、干燥这五道工序制作而成，而作为原料的嫩芽则依据不同等级而有所不同，通常等级越高，采摘嫩芽的时间越早，一级茶品要求以一芽二叶或一芽三叶为原料。

产地
湖南省安化县。

茶汤
香气：陈香持久。
汤色：红褐明亮。
口感：醇厚鲜爽。

干茶
外形：条粗叶阔。
气味：带火候香、松烟香。
手感：油润。

叶底
乌褐叶大。

功效

1. **抗菌作用**：黑毛茶汤中的主要成分为茶黄素和茶红素，其中茶黄素对肉毒芽杆菌、肠类杆菌等起到明显抗菌作用。
2. **消食作用**：黑毛茶中含有的咖啡碱具有刺激作用，能帮助促进消化。

冲泡

【茶具】玻璃杯、茶匙、茶荷各1个。
【方法】1.冲泡：用茶匙将茶叶从茶荷中拨入玻璃杯中，冲入80℃左右的水至七分满即可。
2.品茶：静待片刻，只见茶叶徐徐伸展，汤色红褐明亮，香气中带着火候香、松烟香，叶底乌褐叶大，入口后醇厚鲜爽。

黑砖茶（湖南黑茶）

黑砖茶，是以黑毛茶作为原料制成的半发酵茶，创制于1939年，多半选用三级、四级的黑毛茶搭配其他茶种进行混合，再经过一系列工序制成。黑砖茶的外形通常为长方砖形，规格为35×18×3.5厘米，因砖面压有"湖南省砖茶厂压制"8个字，因此又称"八字砖"。

产地 湖南省白沙溪茶厂。

茶汤
香气：清香纯正。
汤色：黄红稍褐。
口感：浓醇微涩。

干茶
外形：平整光滑，棱角分明。
气味：带有青草微香。
手感：光滑。

叶底
黑褐均匀。

功效

1. 抗菌作用：茶汤中的主要成分为茶黄素和茶红素，其中茶黄素对肉毒芽杆菌、肠类杆菌等起到明显抗菌作用。
2. 消食作用：茶叶中含有的咖啡碱能帮助增进食欲，进而促进消化。

冲泡

【茶具】盖碗、茶匙、茶杯各1个。
【方法】1. 冲泡：将热水倒入盖碗中进行温杯，而后弃水不用，用茶匙将准备好的茶叶拨入盖碗，冲入80℃左右的水至七分满。
2. 品茶：见茶叶徐徐伸展，汤色黄红稍褐，香气清香纯正，叶底黑褐均匀，将茶汤倒入茶杯中品饮，入口后浓醇微涩。

【 识茶、购茶、品茶 】

黄金砖（湖南黑茶）

黄金砖，因具有黄叶黄汤的特点而且外形似砖，故得其名，属于湖南君山黄茶系列的新品之一，推出以后丰富了君山黄茶的品种。

黄金砖是盛唐时期名茶，后有宋人形容它"色满、香韵、味绝、形佳"。

产地 湖南省岳阳市。

干茶

外形：棱角分明，长方砖形，形状平整。
气味：浓郁而沁人心脾。
手感：柔软平滑。

茶汤

香气：高爽纯正。
汤色：橙红明亮。
口感：甘爽香醇。

叶底

黄褐柔软。

功效

1. **养肝养胃**：黄金砖茶中含有丰富的茶黄素，有养肝及养胃之功效。
2. **降低血压**：黄金砖中特有的氨基酸能通过一定的反应，起到抑制血压升高的作用。

冲泡

【茶具】盖碗1个，茶杯数个。
【方法】1. 冲泡：将茶叶放入盖碗中，然后向盖碗中冲入80℃左右的水至七分满即可。
2. 品茶：只见茶叶徐徐伸展，汤色红艳明亮，将其倒入茶杯中，香气鲜纯浓郁，叶底柔软红亮。入口后浓厚甜润。

【 第六章　黑茶名品 】

青砖茶（湖北老青茶）

青砖茶属黑茶种类，以老青茶作原料，经压制而成青压青茶，其产地主要在湖北省咸宁市的薄圻、通山、崇阳、通场面等县，已有100多年的历史。青砖的外形为长方形，色泽青褐，香气纯正，汤色红黄，滋味香浓。

产地 湖北省咸宁市。

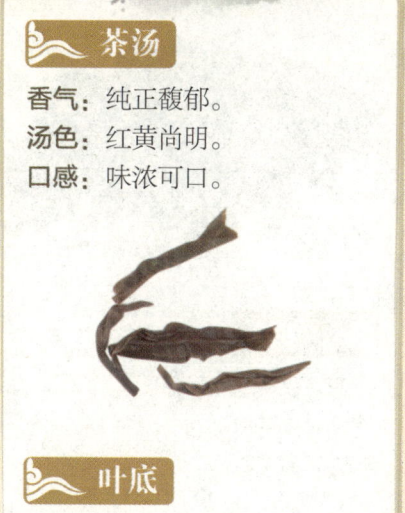

茶汤
香气：纯正馥郁。
汤色：红黄尚明。
口感：味浓可口。

干茶
外形：长方砖形。
气味：清新纯正。
手感：粗老。

叶底
暗黑粗老。

功效

1. **生津、提神**：除生津解渴外，还具有清心提神，杀菌止泻等功效。
2. **杀菌收敛**：青砖茶富含膳食纤维，具有调理肠胃的功能，且有益生菌参与，能改善肠道微生物环境。

冲泡

【茶具】紫砂壶、茶匙、茶荷、品茗杯各1个。
【方法】1. **温杯**：将热水倒入紫砂壶中进行温壶，而后弃水不用。
2. **冲泡**：然后用茶匙将茶叶从茶荷中拨入紫砂壶中，冲入沸水，冲泡10分钟左右，倒入品茗杯中即可。
3. **品茶**：入口后，茶香纯正、柔和，浓香可口，有回甘。

金尖茶（四川边茶）

金尖茶产于四川雅安，原料选配海拔1200米以上云雾山中有性繁殖的成熟茶叶和红苔，经过32道工序精制而成。汤色滋味醇和、香气陈纯，藏族谚语说："宁可三日无粮，不可一日无茶。"表达了对这道茶的依赖之情。

产地
四川省雅安市。

干茶
- **外形**：圆角枕形。
- **气味**：清香平和。
- **手感**：紧实。

茶汤
- **香气**：醇香浓郁。
- **汤色**：红黄明亮。
- **口感**：醇香浓郁。

叶底
暗褐粗老。

功效
1. **降胆固醇**：金尖茶有很强的去脂作用，还能抑制人体自身胆固醇的合成。
2. **抗衰老**：金尖茶中含有维生素C、维生素E和微量元素等，常饮可有效抗衰老、益寿延年。

冲泡
【茶具】紫砂壶、茶匙、茶荷、茶杯各1个。
【方法】1. 冲泡：将热水倒入紫砂壶中进行温壶后弃水不用，用茶匙将茶叶从茶荷中拨入紫砂壶中，冲入沸水，冲泡10分钟左右。期间需淋壶，以保持壶温，最后倒入茶杯中即可。
2. 品茶：入口后口感醇和，不苦不涩，醇和而有回甘，口齿生津。

六堡散茶（滇桂黑茶）

六堡散茶已有200多年的生产历史，因原产于广西苍梧县六堡乡而得名。现在六堡散茶产区相对扩大，分布在浔江、郁江、贺江、柳江和红水河两崖，有苍梧、贺州市、横县、恭城、钟山等20~30个县生产六堡散茶。主产区是梧州地区。

产地：广西壮族自治区苍梧县六堡乡。

干茶
外形：条索长整。
气味：有独特的槟榔香气。
手感：光润平整。

茶汤
香气：纯正醇厚。
汤色：红浓明亮。
口感：甘醇爽口。

叶底
呈铜褐色。

功效

1. 减肥：长期饮用六堡散茶能使胆固醇及甘油酯减少，有助于治疗肥胖症。
2. 延年益寿：六堡散茶中含有的维生素C、维生素E、茶多酚等，常饮可益寿延年。

冲泡

【茶具】盖碗，茶荷、茶匙、品茗杯各1个。
【方法】1. 冲泡：将热水倒入盖碗中进行温杯，而后弃水不用，用茶匙将茶叶从茶荷中拨入盖碗中，倒入90℃左右的水，冲泡为1~3分钟，再将茶水倒入品茗杯中即可。
2. 品茶：入口后香气高扬浓郁，带来强烈的回甘，生津持久。

【识茶、购茶、品茶】

金瓜贡茶（滇桂黑茶）

金瓜贡茶也称团茶、人头贡茶，是普洱茶独有的一种特殊紧压茶形式，因其形似南瓜，茶芽长年陈放后色泽金黄，得名金瓜，早年的金瓜贡茶是专为上贡朝廷而制，故名"金瓜贡茶"。此茶茶香浓郁，是普洱茶家族中当之无愧的茶王。

产地 云南省布朗山。

干茶

外形： 匀整端正。
气味： 隐有竹香、兰香、檀香和陶土的香气。
手感： 肥软圆通。

茶汤

香气： 纯正浓郁。
汤色： 金黄润泽。
口感： 醇香浓郁。

叶底

肥软匀亮。

功效

1. **降脂消炎：** 金瓜贡茶有降血脂、减肥、抗菌消炎等功效。
2. **健脾益胃：** 此茶有明目清心，开胃健脾润喉利咽，养生健体之效，是品茶者的最佳选择。

冲泡

【茶具】盖碗、茶荷、茶匙、茶杯各1个。
【方法】1.冲泡：用茶匙将金瓜贡茶从茶荷中拨入盖碗中，倒入90℃左右的水，冲泡约1分钟。
2.品茶：茶水丝滑柔顺，醇香浓郁，色泽金黄润泽，其香沁心脾，将其倒入茶杯中，入口后口感醇和，不苦不涩，醇和而有回甘，口齿生津。

勐海沱茶（滇桂黑茶）

勐海沱茶产于云南省西双版纳傣族自治州勐海县。以云南西双版纳勐海地区乔木茶树为原料，用料细嫩精致，采用一、二级原料进行拼配。老嫩适中、芽头肥壮紧实的"勐海沱茶"，香气浓郁、回甘，乃青沱之上品。加工而成的沱茶沱形端正、厚薄均匀、松紧适度、芽毫鲜露。

产地 云南省西双版纳傣族自治州勐海县。

干茶
外形：端正均匀。
气味：浓郁清香。
手感：均匀润滑。

茶汤
香气：纯正回甜。
汤色：橙黄明亮。
口感：醇厚鲜爽。

叶底
绿黄明亮。

功效

1. **美容养颜**：勐海沱茶能调节新陈代谢，促进血液循环，调节人体，自然平衡体内机能，因而有美容的效果。
2. **防辐射**：饮用勐海沱茶能解除钴60辐射引起的伤害。

冲泡

【茶具】盖碗，茶荷、茶匙、品茗杯各1个。
【方法】1. 冲泡：用茶匙将茶叶从茶荷中拨入盖碗中，倒入开水，冲泡时间约为1分钟，然后将茶汤倒入品茗杯中。
2. 品茶：茶汤入口后滋味十分浓厚，茶香四溢，经常适量饮用有生津止渴和美容之效。

云南七子饼（滇桂黑茶）

云南七子饼亦称"圆饼"，是云南普洱茶中的著名产品，系选用云南一定区域内的大叶种晒青毛茶为原料，适度发酵，经高温蒸压而成。具有滋味醇厚、回甘生津、经久耐泡的特点。保存于适宜的环境下越陈越香。

产地：云南省大理市。

干茶
- 外形：紧结端正。
- 气味：带有特殊陈香或桂圆香。
- 手感：嫩匀。

茶汤
- 香气：纯正馥郁。
- 汤色：橙黄明亮。
- 口感：醇厚甘甜。

叶底
嫩匀完整。

功效

1. **防癌、抗癌**：云南七子饼茶中含有锗元素，锗可以抗癌，有防癌抗癌之效。
2. **健齿护齿**：云南七子饼茶中可抑制人体钙质的减少，这对预防龋齿、护齿、坚齿都是有益的。

冲泡

【茶具】盖碗、茶杯、茶荷、茶匙各1个。

【方法】1. 冲泡：用茶匙将茶叶从茶荷中拨入盖碗中，往盖碗中倒入90℃左右的水，冲泡时间约为1分钟。

2. 品茶：冲泡后的茶色橙黄，十分诱人，将其倒入茶杯中，入口后滋味鲜爽回甘，带有香气，回味无穷。

【 第六章　黑茶名品 】

普洱散茶（滇桂黑茶）

普洱散茶属于普洱茶的一种，是以优质云南大叶种为原料，经过杀青、揉捻、晒干、渥堆、晾干、筛分等工序制作而成的。普洱散茶的历史非常悠久，一般以嫩度来划分等级，嫩度越高的茶叶级别也就越高。普洱散茶属于晒青毛茶，年份越久，其品质则越佳。

产地
云南省普洱市。

茶汤
香气：独特陈香。
汤色：红浓明亮。
口感：醇厚回甘。

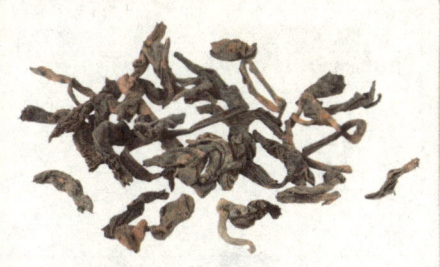

干茶
外形：粗壮肥大。
气味：陈香显露，无异味。
手感：饱满柔软。

叶底
深猪肝色。

功效
1. 减肥瘦身：普洱散茶中所含脂肪酶能帮助燃烧体内多余脂肪，有减肥作用。
2. 养胃健胃：普洱散茶进入人体肠胃后，会形成一层保护膜，附着在胃的表层，对胃部有保护作用。

冲泡
【茶具】腹大的茶壶、茶荷、茶匙、品茗杯各1个。
【方法】1. 冲泡：用茶匙将茶叶从茶荷中拨入壶中，冲入水温为90℃左右的水，冲至稍没茶器底即可。
2. 品茶：静待数秒，只见茶叶徐徐伸展，汤色红浓明亮，香气独特陈香，叶底呈现深猪肝色，将茶汤倒入品茗杯中，入口后醇厚回甘。

【 识茶、购茶、品茶 】

宫廷普洱（滇桂黑茶）

　　宫廷普洱，是古代专门进贡给皇族享用的茶，在旧时是一种身份的象征，是普洱中的特级茶品，称得上是茶中的名门贵族。宫廷普洱的制作颇为严格，选取2月份上等野生大叶乔木芽尖中极细且微白的芽蕊，经过多道复杂的工序，最终制成的优质茶品。

产地　云南省昆明市、西双版纳。

干茶
外形：紧细匀整。
气味：甘醇悠远。
手感：细嫩滑腻。

茶汤
香气：陈香浓郁。
汤色：红浓明亮。
口感：浓醇爽口。

叶底
褐红细嫩。

功效

1. **抗衰老**：宫廷普洱茶中含有的儿茶素类化合物优于其他茶树品种，这一类物质能起到抗衰老的作用，还能增强人体免疫力，效果甚佳。
2. **减肥瘦身**：宫廷普洱茶中含有的脂肪酶，它具有一定的减肥的作用。

冲泡

【茶具】紫砂壶、茶荷、茶匙、茶杯各1个。
【方法】1. **冲泡**：用茶匙将茶叶从茶荷中拨入壶中，然后倒入适量的沸水，第一次洗掉干茶中的浮灰，第二次冲至七分满即可。
2. **品茶**：静待数秒，只见茶叶徐徐伸展，汤色红浓明亮，香气陈香浓郁，叶底褐红细嫩，将茶汤分倒入茶杯，至八分满即可。

【 第六章　黑茶名品 】

凤凰普洱沱茶（滇桂黑茶）

凤凰普洱沱茶产于云南省大理市南涧县。选用良好植被和生态环境的无量山优质大叶种青毛茶为原料加工而成的。凤凰普洱沱茶除了品质优异以外，它的包装也很讲究，包装上面有两只凤凰图案，随着生产日期的不同，茶品上的凤凰会出现不同形态。

产地　云南省大理市南涧县。

茶汤
- 香气：纯正馥郁。
- 汤色：橙黄明亮。
- 口感：醇厚甘甜。

干茶
- 外形：紧结端正。
- 气味：芳香纯正。
- 手感：柔软。

叶底　嫩匀完整。

功效

1. 美发：凤凰普洱沱茶具有美发的效果，洗过头发后，再用该茶水洗涤，可以使头发乌黑柔软，富有光泽。
2. 降脂：凤凰普洱沱茶所含脂肪酶能分解脂肪，常饮此茶具有减肥作用。

冲泡

【茶具】盖碗、茶荷、茶匙、品茗杯各1个。

【方法】1. 冲泡：将热水倒入盖碗中进行温杯，而后弃水不用。用茶匙将茶叶从茶荷中拨入盖碗中，倒入90℃左右的水，冲泡时间约为1分钟，然后倒入品茗杯中即可。

2. 品茶：入口后口感十分醇厚，回甘十分强劲，一般10泡之后，开始出现甜味。

【识茶、购茶、品茶】

布朗生茶（滇桂黑茶）

布朗生茶，轻嗅起来似乎带有浓重的麦香味，呈茶饼状，饼香悠远怡人，条索硕大而不似一般茶饼茶砖，是通过收采最嫩芽叶纯手工制作而成，微显毫，一般选用早春大叶种晒青毛茶，汤色透亮，回甘快、生津强，茶味十分清甜，是不可多得的收藏佳品。

产地：云南省。

茶汤
香气：略有蜜香。
汤色：金黄透亮。
口感：细腻厚重，微有苦涩。

干茶
外形：条索肥硕。
气味：带有比较浓重的麦香味，悠远怡人。
手感：柔软。

叶底
叶底柔软，匀称。

功效
1. 祛风解表：祛痰、止渴生津、消暑、解热、抗感冒、解毒等功效。
2. 减轻烟毒：对于长期吸烟者，常饮布朗生茶有助于排解体内毒素，预防疾病，减轻烟毒所带来的长期危害。

冲泡
【茶具】过滤杯、茶壶、品茗杯各1个。
【方法】1. 冲泡：将约5克的茶叶放入过滤杯中，倒入开水，先将第一遍水滤去，再次倒入热水，冲泡茶叶，盖上杯盖即可。
2. 品茶：待茶散发出浓浓麦香，此时稍稍晃动茶壶，然后分入品茗杯中，一杯香醇的布朗生茶就完成了。

橘普茶（滇桂黑茶）

橘普茶，又称陈皮普洱茶、柑普茶，乃五邑特产之一，是选取了具有"千年人参，百年陈皮"之美誉的新会柑皮与云南陈年熟普洱，经过一系列复杂的制作工序加工而成的特型紧压茶，无任何添加剂，茶叶清香甘爽，疏肝润肺、消积化滞、宜通五脏。

产地：陈皮产自广东省新会区，普洱茶叶产自云南省西双版纳傣族自治州。

干茶
外形：果圆完整，红褐光润。
气味：带有果味的清香。
手感：均匀润滑。

茶汤
香气：陈香浓郁。
汤色：深红褐色。
口感：醇厚滑爽。

叶底
黑褐均匀。

功效

1. 养胃：橘普茶进入肠胃后会形成保护膜附着在胃表层，对胃部起保护作用，常饮有益。
2. 解酒：橘普茶叶中含有的茶碱有利尿作用，能促使酒精快速排出体外。

冲泡

【茶具】玻璃杯、茶匙各1个。
【方法】1. 冲泡：用茶匙将3克橘普茶茶叶取出，拨入玻璃杯中，再放入少许陈皮，往壶中冲入沸水至七分满即可。
2. 品茶：片刻后，汤色呈现深红褐色，香气陈香浓郁，叶底黑褐均匀，入口醇厚滑爽。

普洱茶砖（滇桂黑茶）

普洱茶砖产于云南省普洱市。精选云南乔木型古茶树的鲜嫩芽叶为原料，以传统工艺进行制作。制成的砖茶砖型端正，厚薄均匀，外形完整自然、松紧适度。所有的砖茶都是蒸压成型，但成型方式有所不同。如黑砖、花砖、茯砖是用机器压成型，康砖茶则是用棍锤筑造成型。

产地
云南省普洱市。

茶汤
香气：有明显的樟香味。
汤色：红浓清澈。
口感：醇厚浓香。

干茶
外形：端正均匀。
气味：陈香浓郁。
手感：肥软光滑。

叶底
肥软红褐。

功效
1. **健压护齿、消炎灭菌**：普洱茶砖中含有许多生理活性成分，具有杀菌消毒的作用，因此能祛除口腔异味，保护牙齿。
2. **抗衰老**：普洱茶砖中含有的维生素C、维生素E等，常饮可有效抗衰。

冲泡
【茶具】盖碗、茶荷、茶匙、品茗杯各1个。
【方法】1. 温杯：将热水倒入盖碗中进行温杯，而后弃水不用。
2. 冲泡：用茶匙将茶叶从茶荷中拨入盖碗中，倒入开水，冲泡时间约为1分钟，然后倒入品茗杯中。
3. 品茶：沏泡后，茶色红浓清澈，入口后滋味醇厚，回甘十分明显。